钢筋工程量计算
（含按计算器程序计算）

◆　郭继武　郭　仝　编著

中国建筑工业出版社

图书在版编目（CIP）数据

钢筋工程量计算（含按计算器程序计算）/郭继武，郭仝编著．—北京：中国建筑工业出版社，2016.11
ISBN 978-7-112-19714-9

Ⅰ.①钢…　Ⅱ.①郭…②郭…　Ⅲ.①配筋工程-工程造价-计算方法-高等职业教育-教学参考资料　Ⅳ.①TU723.32

中国版本图书馆 CIP 数据核字（2016）第 198954 号

　　本书共分 7 章，内容包括：钢筋工程量计算的预备知识、基础钢筋工程量计算、框架梁的钢筋工程量计算、框架柱钢筋工程量计算、混凝土板钢筋工程量计算、板式楼梯钢筋工程量计算以及编程计算器简介和编程方法。

　　书中结合例题介绍了编程方法，并列举了钢筋混凝土基本构件钢筋量计算的典型实例，每个例题都采用了手算和按计算器程序计算两种方法完成，以便读者学习过程中加以比较、对照，以提高学习效果。

　　本书可作为高职、高专相关专业规划教材《钢筋工程量计算》的补充或课外参考书，也可供建筑施工技术人员学习钢筋工程量计算的参考。

责任编辑：郭　栋　辛海丽
责任校对：陈晶晶　张　颖

钢筋工程量计算

（含按计算器程序计算）

郭继武　郭　仝　编著

*

中国建筑工业出版社出版、发行（北京西郊百万庄）
各地新华书店、建筑书店经销
北京科地亚盟排版公司制版
北京建筑工业印刷厂印刷

*

开本：787×1092 毫米　1/16　印张：12¾　字数：314 千字
2016 年 12 月第一版　2016 年 12 月第一次印刷
定价：**38.00** 元
ISBN 978-7-112-19714-9
（29264）

前　言

采用手工计算钢筋工程量是一项烦琐的工作。"工欲善其事，必先利其器。"工程计算要准确、快捷地获得结果，必须有好的计算工具。

编写本书的目的在于，除介绍钢筋工程量普通算法外，特别重点向读者介绍如何应用编程计算器编程，以及如何应用编程计算器计算钢筋工程量。

采用编程计算器计算钢筋工程量尚有以下特点：

（1）按编程计算器计算钢筋量，与手工计算步骤贴近。程序编写简单，计算方便。一般工程技术人员都能掌握。因此，可根据工程具体情况自己编写程序，或对已有程序加以改写和补充，做到计算心中有数，不会对计算结果有后顾之忧。

（2）编程计算器计算速度快捷、准确。例如，计算《国家建筑标准设计图集》11G101-3 P27 所示的框架结构（3 跨，6 个开间，建筑占地面积 550m²）的柱下十字交叉条形基础底板钢筋量，只需 40～50min 即可完成。

（3）钢筋工程量计算公式十分简单，只不过是数字作＋、－、×、÷运算，而计算困难在于，这些计算公式限制条件较多，例如，简单的独立基础底板钢筋量计算，就要区分基底尺寸≥2500mm 和＜2500mm、结构所处环境类别、结构抗震等级、钢筋种类、混凝土强度等级等条件。为了计算方便，我们在程序中都编入了这些限定内容，读者在计算过程中，不需再查表确定这些计算参数。

（4）编程计算器大小与普通计算器相差无几，携带方便，特别对老师授课、在校学生学习，以及工程技术人员培训等，尤为方便。

（5）采用编程计算器计算钢筋工程量的结果，可作为手工计算或计算机计算的一种校核手段。

（6）编程计算器性价比较好。

本书在编写过程中，内容力求简明扼要，言简意赅，重点突出。避免求多求全。只要将基本原理讲清楚，其他问题便可迎刃而解。例如在讲板的受力钢筋的根数时，关于起步钢筋的距离如何确定问题，书中并未罗列各种方法，而只讲了经常采用的 50mm 的规定。由于各种方法所规定的数值之间相差并不大，对计算结果影响十分有限。因此似无必要将其一一列出。但对有些问题则必须讲清楚，例如，梁内受力钢筋（如梁底纵向钢筋，受扭纵筋）和构造钢筋（如架立筋，腰筋）一定要加以区分，因为前者必须可靠地锚入支座内，以保证结构的承载力，而后者则只要求满足与其他钢筋绑扎条件即可。

以上一些看法，乃笔者一孔之见，并不一定正确，尚请读者不吝指正。

本书第 1、2、3、4 章和第 7 章由郭继武编写，第 5、6 章由郭仝编写。

由于笔者水平所限，书中可能存在疏漏之处，请广大读者批评指正。在编写本书过程中，参考了一些公开发表的文献和专著，谨向这些作者表示感谢。

目　　录

第1章　钢筋工程量计算的预备知识

1.1　混凝土的力学性能

1. 混凝土强度等级

《混凝土结构设计规范》GB 50010—2010（以下简称《混规》）规定，混凝土强度等级应按立方体抗压强度标准值确定。立方体抗压强度标准值系指，按标准方法制作、养护的边长为 150mm 的立方体试块，在 28d 龄期，用标准试验方法测得的具有 95% 保证率的抗压强度值。用符号 $f_{cu,k}$ 表示。

立方体抗压强度标准值 $f_{cu,k}$ 是混凝土基本代表值，混凝土各种力学指标可由它换算得到。

《混规》规定，混凝土强度等级分为 14 级：C15、C20、C25、C30、C35、C40、C45、C50、C55、C60、C65、C70、C75、C80。其中 C（Concrete）表示混凝土，C 后面的数字表示混凝土立方体抗压强度标准值，单位为 N/mm²。

《混规》规定，素混凝土结构的混凝土强度等级不应低于 C15；钢筋混凝土结构的混凝土强度等级不应低于 C20；采用强度等级 400MPa 及以上的钢筋时，混凝土强度等级不应低于 C25。

预应力混凝土结构的混凝土强度等级不宜低于 C40，且不应低于 C30。

承受重复荷载的钢筋混凝土构件，混凝土强度等级不应低于 C30。

2. 混凝土轴心抗压强度

在工程中，钢筋混凝土轴心受压构件，如柱、屋架的受压腹杆等，它们的长度比其横截面边长尺寸大得多。因此，钢筋混凝土轴心受压构件中的混凝土强度，与混凝土棱柱体轴心抗压强度接近。所以，在计算这类构件时，混凝土强度应采用棱柱体轴心抗压强度，简称轴心抗压强度。

我国《普通混凝土力学性能试验方法》规定，混凝土轴心抗压强度应按标准方法制作、养护的截面为 150mm×150mm、高度为 300mm 的棱柱体，在 28d 龄期，用标准试验方法测得的破坏荷载除以其截面面积，即为棱柱体轴心抗压强度值。

（1）混凝土轴心抗压强度标准值

由试验可知，混凝土轴心抗压强度标准值 f_{ck} 与立方体抗压强度标准值 $f_{cu,k}$ 有下列关系：

$$f_{ck} = 0.67 f_{cu,k} \tag{1-1}$$

式中　f_{ck}——混凝土轴心抗压强度标准值；

　　　$f_{cu,k}$——混凝土立方体抗压强度标准值。

例如，C30 的混凝土的轴心抗压强度标准值为

$$f_{ck} = 0.67 f_{cu,k} 0.67 \times 30 = 20.10 N/mm^2$$

混凝土轴心抗压强度标准值见表 1-1。

混凝土轴心抗压强度标准值（N/mm²）　　　　　　　表 1-1

强度	混凝土强度等级												
	C15	C20	C25	C30	C35	C40	C45	C50	C55	C60	C65	C70	C75	C80
f_{ck}	10.0	13.4	16.7	20.1	23.4	26.8	29.6	32.4	35.5	38.5	41.5	44.5	47.5	50.5

（2）混凝土轴心抗压强度设计值

《混规》规定，混凝土结构构件按承载能力计算时，混凝土强度应采用设计值。

混凝土强度设计值，等于混凝土强度标准值除以混凝土的材料分项系数 γ_c。《混规》规定，$\gamma_c = 1.40$。它是根据可靠指标及工程经验并经分析确定的。

混凝土轴心抗压强度设计值，参见表 1-2。

混凝土轴心抗压强度设计值（N/mm²）　　　　　　　表 1-2

强度	混凝土强度等级												
	C15	C20	C25	C30	C35	C40	C45	C50	C55	C60	C65	C70	C75	C80
f_c	7.2	9.6	11.9	14.3	16.7	19.14	21.1	23.1	25.3	27.5	29.7	31.8	33.8	35.9

3. 混凝土轴心抗拉强度

计算钢筋混凝土和预应力混凝土构件钢筋锚固长度、抗裂或裂缝宽度时，要应用混凝土轴心抗拉强度。

（1）混凝土轴心抗拉强度标准值

混凝土轴心抗拉强度标准值见表 1-3。

混凝土轴心抗拉强度标准值（N/mm²）　　　　　　　表 1-3

强度	混凝土强度等级												
	C15	C20	C25	C30	C35	C40	C45	C50	C55	C60	C65	C70	C75	C80
f_{ck}	1.27	1.54	1.78	2.01	2.20	2.39	2.51	2.64	2.74	2.85	2.93	2.99	3.05	3.11

（2）混凝土轴心抗拉强度设计值

混凝土轴心抗拉强度设计值，参见表 1-4。

混凝土轴心抗拉强度设计值（N/mm²）　　　　　　　表 1-4

强度	混凝土强度等级												
	C15	C20	C25	C30	C35	C40	C45	C50	C55	C60	C65	C70	C75	C80
f_c	0.91	1.10	1.27	1.43	1.57	1.71	1.80	1.89	1.06	2.04	2.09	2.14	2.18	2.22

1.2　钢筋的力学性能

1.2.1　钢筋的分类

建筑工程所用的钢筋按其加工工艺不同，分以下两大类：

1. 普通钢筋

用于混凝土结构构件中的各种非预应力钢筋，统称为普通钢筋。这种钢筋为热轧钢筋，是由低碳钢或普通合金钢在高温下轧制而成。按其强度不同分为：HPB300、HRB335、（HRB335F）、HRB400、（HRBF400、RRB400）、HRB500、（HRBF500）四级。其中，第一个字母表示生产工艺，如 H 表示热轧（Hot-Rolled），R 表示余热处理（Remained heat treatment ribbed）；第二个字母表示钢筋表面形状，如 P 表示光面（Plain round），R 表示带肋（Ribbed）；第三个字母 B（Bar）表示钢筋。在 HRB 后面加字母 F（Fine）的，为细精粒热轧钢筋。英文字母后面的数字表示钢筋屈服强度标准值，如 400，表示该级钢筋的屈服强度标准值为 $400N/mm^2$。

细精粒热轧钢筋是《混规》为了节约合金资源，新列入的具有一定延性的控轧 HRBF 系列热轧带肋钢筋。

考虑到各种类型钢筋的使用条件和便于在外观上加以区别。国家标准《钢筋混凝土用钢第 1 部分：热轧光圆钢筋》GB 1499.1—2008 规定，HPB300 级钢筋外形轧成光面，故又称光圆钢筋。国家标准《钢筋混凝土用钢第 2 部分：热轧带肋钢筋》GB 1499.2—2007 规定，HRB335、HRB400、RRB400 级钢筋外形轧成肋形（横肋和纵肋）。横肋的纵截面为月牙形，故又称月牙肋钢筋。月牙肋钢筋（带纵肋）表面及截面形状如图 1-1 所示。

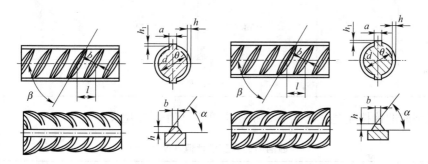

图 1-1　月牙肋钢筋（带纵肋）表面及截面形状

余热处理钢筋是在钢筋热轧后经淬火，再利用芯部余热回火处理而形成的。经这样处理后，不仅提高了钢筋的强度，还保持了一定延性。

2. 预应力钢筋

用于预应力混凝土构件中的中强度预应力钢丝、预应力螺纹钢筋、消除应力钢丝和钢绞线统称为预应力钢筋。

《混规》规定，混凝土结构的钢筋应按下列规定采用：

（1）纵向普通受力钢筋宜采用 HRB400、HRB500、HRBF400、HRBF500，也可采用 HPB300、HRB335、HRBF335、RRB400 钢筋；

（2）梁、柱纵向普通受力钢筋应采用 HRB400、HRB500、HRBF400、HRBF500 钢筋；

（3）箍筋宜采用 HRB400、HRBF400、HPB300、HRB500、HRBF500、HRBF500 钢筋，也可采用 HRB335、HRBF335 钢筋；

（4）预应力钢筋宜采用预应力钢丝、钢绞线和预应力螺纹钢筋。

1.2.2 钢筋强度标准值和设计值

1. 钢筋强度标准值

钢筋强度标准值应具有不小于 95% 的保证率。

普通钢筋的屈服强度标准值 f_{yk}、极限强度标准值 f_{stk} 应按表 1-5 采用。其中极限强度标准值 f_{stk}（即钢筋拉断前相应于最大拉力下的强度）是《混规》新增加的钢筋标准值，以供结构抗倒塌设计之需。

2. 钢筋强度设计值

《混规》规定，混凝土结构构件按承载能力计算时，钢筋强度应采用设计值。

钢筋强度设计值，等于钢筋强度标准值除以钢筋的材料分项系数 γ_s。《混规》规定，对于延性较好的热轧钢筋 γ_s 取 1.10。但对于新列入的高强度 500MPa 级钢筋为适当提高安全储备，取 1.15。对于预应力钢筋，由于延性稍差，一般取不小于 1.20。

普通钢筋的强度标准值（N/mm²）　　　　　　　　　　表 1-5

牌号	符号	公称直径 d（mm）	屈服强度标准 f_{yk}	极限强度标准值 f_{stk}
HPB300		6～14	300	420
HRB335		6～14	335	455
HRB400 HRBF400 RRB400		6～50	400	540
HRB500 HRBF500		6～50	500	830

普通钢筋的抗拉强度设计值 f_y、抗压强度设计值 f_y' 参见表 1-6。

普通钢筋的强度设计值（N/mm²）　　　　　　　　　　表 1-6

牌号	符号	公称直径 d（mm）	屈服强度标准 f_y	极限强度标准值 f_y'
HPB300		6～14	270	420
HRB335		6～14	300	300
HRB400 HRBF400 RRB400		6～50	360	360
HRB500 HRBF500		6～50	435	435

1.3　混凝土保护层

1.3.1 混凝土结构的环境类别

《混规》规定，混凝土结构的环境类别应按表 1-7 划分。

混凝土结构的环境类别　　　　　　　　　　　表 1-7

项次	环境类别	条　　件
1	一	室内干燥环境； 无侵蚀性静水浸没环境
2	二 a	室内潮湿环境； 非严寒和非寒冷地区的露天环境； 非严寒和非寒冷地区与无侵蚀性的水或土壤直接接触的环境； 严寒和寒冷地区的冰冻线以下与无侵蚀性的水或土壤直接接触的环境
3	二 b	干湿交替环境； 水位频繁变动的环境； 严寒和寒冷地区的露天环境； 严寒和寒冷地区的冰冻线以上与无侵蚀性的水或土壤直接接触的环境
4	三 a	严寒和寒冷地区冬季水位变动区环境； 受除冰盐影响环境； 海风环境
5	三 b	盐渍土环境； 受除冰盐作用环境； 海岸环境
6	四	海水环境
7	五	受人为或自然的侵蚀性物质影响的环境

注：1. 室内潮湿环境是指构件表面经常处于结露或潮湿环境；
　　2. 严寒和寒冷地区的划分应符合现行国家标准《民用建筑热工设计规范》GB 50176 的有关规定；
　　3. 海岸环境和海风环境宜根据当地，考虑主导风向及结构所处迎风、背风部位等因素的影响，由调查研究和工程经验确定；
　　4. 受除冰盐影响环境是指到除冰盐盐雾影响的环境；受除冰盐作用环境是指被除冰盐溶液溅射的环境以及使用除冰盐地区的洗车房、停车楼等建筑；
　　5. 暴露的环境是指混凝土结构表面所处的环境。

1.3.2　混凝土保护层最小厚度

混凝土构件中普通钢筋及预应力筋的混凝土保护层厚度应满足下列要求：

1. 构件中受力钢筋的混凝土保护层厚度不应小于钢筋的公称直径 d；

2. 设计使用年限为 50 年的混凝土结构，最外层钢筋的保护层厚度应符合表 1-8 的规定；设计使用年限为 100 年的混凝土结构，最外层钢筋的保护层厚度不应小于表 1-8 中数值的 1.4 倍。

混凝土最小保护层厚度 c（mm）　　　　　　　表 1-8

环境类别	板、墙、壳	梁、柱、杆
一	15	20
二 a	20	25
二 b	25	35
三 a	30	40
三 b	40	50

注：1. 混凝土强度等级不大于 C25 时，表中保护层厚度数值应增加 25mm；
　　2. 钢筋混凝土基础宜设置混凝土垫层，基础中钢筋的混凝土保护层厚度应从垫层顶层算起，且不应小于 40mm。

1.4　地震震级和地震烈度

1.4.1　地震震级

衡量一次地震释放能量大小的等级称为震级，用 M 表示。

由于人们所能观测到的只是地震波传到地面的振动，这也正是对我们有直接影响的那一部分地震能量所引起的地面振动。因此，也就自然地用地面振动的振幅大小来度量地震的震级。

1935 年，里克特（C. R. Richter）首先提出了震级的定义：震级系利用标准地震仪（指周期为 0.8s，阻尼系数为 0.8，放大倍数为 2800 的地震仪）距震中 100km 处记录到的以微米（$1\mu m = 1 \times 10^{-3} mm$）为单位的地面最大水平位移（振幅）$A$ 的常用对数值：

$$M = \lg A \tag{1-2}$$

式中　M——地震震级，一般称为里氏震级；

　　　A——由地震曲线图上量得的最大振幅。

例如，距震中 100km 处，利用标准地震仪记录到的地震曲线图上量得的最大振幅 $A = 10mm$，即 $10^4 \mu m$，于是该次地震的震级为：

$$M = \lg A = \lg 10^4 = 4$$

实际上，地震时距震中 100km 处不一定恰好有地震台站，而且地震台站也不一定有上述的标准地震仪。因此，对于震中距不是 100km 的地震台站和采用非标准地震仪时，需按修正后的震级计算公式确定震级。

震级与地震释放的能量有下列关系：

$$\lg E = 1.5M + 11.8 \tag{1-3}$$

式中　E——地震释放的能量。

由式（1-2）和式（1-3）计算可知，当震级增大一级时，地面振动振幅增加 10 倍，而能量增加近 32 倍。

一般说来，$M < 2$ 的地震，人们感觉不到，称为微震；$M = 2 \sim 4$ 的地震，为有感地震；$M > 5$ 的地震，对建筑物就要引起不同程度的破坏，统称为破坏性地震；$M > 7$ 的地震称为强烈地震或大地震；$M > 8$ 的地震称为特大地震。

1.4.2　地震烈度和基本烈度

1. 地震烈度

地震烈度是指地震时，在一定地点引起的地面震动及其引起的强烈程度。相对震中而言，地震烈度也可以把它理解为地震场的强度。

我国 2008 年公布实施的《中国地震烈度表》GB/T 17742—2008，将地震烈度由小到大划分为 12 度。

2. 基本烈度

强烈地震是一种破坏性很大的自然灾害，它的发生具有很大的随机性。采用概率方法预测某地区未来一定时间内可能发生的最大烈度是有实际意义的。国家有关部门提出了基本烈度的概念。

一个地区的基本烈度是指该地区在今后 50 年期限内，在一般场地条件下可能遭遇超越概率为 10% 的地震烈度。

国家地震局和建设部于 1992 年联合发布了新的《中国地震烈度区划图》。该图给出了全国各地地震基本烈度的分布，可供国家经济建设和国土利用规划、一般工业与民用建筑的抗震设防及制定减轻和防御地震灾害对策之用。

1.5　现浇钢筋混凝土房屋的抗震等级

为了体现对不同设防烈度、不同场地、不同高度、不同结构体系的房屋有不同的抗震要求，《抗震规范》根据结构类型、设防烈度、房屋高度和场地类别，将钢筋混凝土结构房屋划分为不同的抗震等级，参见表 1-9。

现浇钢筋混凝土房屋的抗震等级　　　　表 1-9

结构类型			设防烈度									
			6		7			8			9	
框架结构	高度（m）		≤24	>24	≤24		>24	≤24		>24	≤24	
	框架		四	三	三		二	二		一	一	
	大跨度公共建筑		三		二			一			一	
框架-抗震墙结构	高度（m）		≤60	>60	≤24	>24～60	>60	≤24	>24～60	>60	≤24	>24～60
	框架		四	三	四	三	二	三	二	一	二	一
	抗震墙		三	三	三	二	二	二	一	一	一	一
抗震墙结构	高度（m）		≤80	>80	≤24	>24～80	>80	≤24	>24～80	>80	≤24	>24～60
	抗震墙		四	三	四	三	二	三	二	一	二	一
部分框支抗震墙结构	高度（m）		≤80	>80	≤24	>24～80	>80	≤24	>24～80		／	
	抗震墙	一般部位	四	三	四	三	二	三	二		／	
		加强部位	三	二	三	二	一	二	一		／	
	框支层框架		二		二		一	一			／	
筒体结构	框架核心筒	框架	三		二			一			／	
		核心筒	二		二			一			／	
	筒中筒	外筒	三		二			一			／	
		内筒	三		二			一			／	
板柱-抗震墙结构	高度（m）		≤35	>35	≤35		>35	≤35		>35	／	
	框架、板柱的柱		三	二	二		一	一			／	
	抗震墙		二	二	二		一	二		一	／	

注：1. 接近或等于高度分界线时，应允许结合房屋不规则程度及场地、地基条件确定抗震等级；

2. 大跨度框架指跨度不小于 18m 的框架；

3. 高度不超过 60m 的框架-核心筒结构按框架-抗震墙的要求设计时，应按表中框架-抗震墙结构的规定确定其抗震等级。

应当指出，划分房屋抗震等级的目的在于，对房屋采取不同的抗震措施（包括：内力调整、轴压比的控制和抗震构造措施）。因此，表 1-9 中的设防烈度应按《抗震规范》3.1.3 条各抗震设防类别建筑的抗震设防标准中抗震措施的要求的设防烈度确定：

甲类建筑，当抗震设防烈度为 6～8 度时，应按本地区抗震设防烈度提高一度采用，当为 9 度时，应比 9 度抗震设防更高的烈度采用；

乙类建筑，一般情况下，当设防烈度为 6～8 度时，应按本地区抗震设防烈度提高一度采用，当为 9 度时，应按比 9 度更高的烈度采用。对较小的乙类建筑，当其结构改用抗震性能较好的结构类型时，可按本地区抗震设防烈度采用。

丙类建筑，按本地区抗震设防烈度采用。

丁类建筑，应按本地区抗震设防烈度适当降低的烈度采用，但抗震设防烈度为 6 度时不应降低。

此外，当建筑场地为Ⅰ类时，甲、乙类建筑应允许仍按本地区抗震设防烈度采用；丙类建筑应允许按本地区抗震设防烈度降低一度采用，但抗震设防烈度为 6 度时，仍按本地区抗震设防烈度采用。

《抗震规范》对建造在Ⅰ类场地上的丁类建筑的抗震设防烈度取值未予提及，一般认为，可按丙类建筑规定采用。

综上所述，可将用于确定房屋抗震等级的抗震设防烈度汇总于表 1-10。

按建筑类别及场地调整后用于确定抗震等级的烈度　　　　　表 1-10

建筑类别	场　　地	设　防　烈　度			
		6	7	8	9
甲、乙类	Ⅰ	6	7	8	9
	Ⅱ、Ⅲ、Ⅳ	7	8	9	9*
丙　　类	Ⅰ	6	6	7	8
	Ⅱ、Ⅲ、Ⅳ	6	7	8	9
丁　　类	Ⅰ	6	6	7	8
	Ⅱ、Ⅲ、Ⅳ	6	7⁻	8⁻	9⁻

注：1. Ⅰ类场地时，按调整后的抗震烈度由表 1-9 确定的抗震等级采取抗震构造措施，但内力调整的抗震等级仍　　与Ⅱ、Ⅲ、Ⅳ类场地相同；

　　2. 9* 表示比 9 度一级更有效的抗震措施，主要考虑合理的建筑平面及体型、有利的结构体系和更严格的抗震　　措施，具体要求应进行专门研究；

　　3. 7⁻、8⁻、9⁻表示该抗震等级的抗震构造措施可以适当降低。

1.6　钢筋与混凝土的黏结与锚固

1.6.1　钢筋与混凝土的黏结强度

钢筋混凝土构件在外力作用下，在钢筋与混凝土接触面上将产生剪应力。当剪应力超过钢筋与混凝土之间的黏结强度时，钢筋与混凝土之间将发生相对滑动，而使构件早期破坏。

钢筋与混凝土之间的黏结强度，实质上，是钢筋与混凝土处于极限平衡状态时两者之间产生的极限剪应力，即抗剪强度。黏结强度的大小和分布规律，可通过钢筋抗拔试验确定，试件如图 1-2 所示。钢筋在拉力作用下，在钢筋与混凝土接触面上产生剪应力 τ，当它不超过黏结强度 τ_f 时，钢筋就不会拔出。

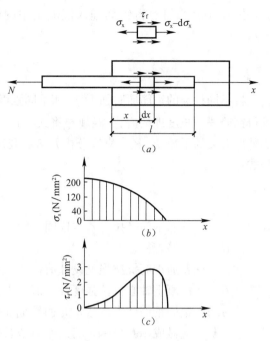

现来分析钢筋与混凝土之间的黏结强度及其分布规律。设钢筋在拉力作用下，钢筋与混凝土处于极限平衡状态。从距试件端部 x 处，切取一钢筋微分体来加以分析，由平衡条件可得：

$$\sum X = 0,$$

$$(\sigma_s - \mathrm{d}\sigma_s - \sigma_s)\frac{1}{4}\pi d^2 + \tau_f \pi d \cdot \mathrm{d}x = 0$$

式中　d——钢筋直径；

　　　σ_s——钢筋应力。

经整理后，得 x 点处黏结强度

$$\tau_f = \frac{d}{4} \cdot \frac{\mathrm{d}\sigma_s}{\mathrm{d}x} \qquad (1\text{-}4)$$

图 1-2　钢筋与混凝土之间的黏结强度

在抗拔试验中，只要测得钢筋应力 σ_s 分布规律（图 1-2b），即可按式（1-4）求得各点的黏结强度 τ_f 值，从而绘出 τ_f 的分布图（图 1-2c）。

当钢筋处于极限平衡状态时，作用在钢筋上的外力，应等于钢筋与混凝土之间在长度 l 范围内的黏结强度总和，即：

$$N = \pi d \int_0^l \tau_f \mathrm{d}x = \bar{\tau}_f \pi d l$$

式中　$\bar{\tau}_f$——平均黏结强度。

因为

$$N = \sigma_{s,\max} \cdot \frac{1}{4}\pi d^2$$

所以

$$\bar{\tau}_f = \frac{1}{4l}d\sigma_{s,\max} \qquad (1\text{-}5)$$

式中　$\sigma_{s,\max}$——拔出时钢筋最大拉应力。

试验表明，钢筋与混凝土之间的黏结强度与混凝土立方体抗压强度和钢筋的表面特征有关，参见图 1-3。对于光面钢筋，$\bar{\tau}_f = 1.5 \sim 3.5\text{N/mm}^2$；变形钢筋 $\bar{\tau}_f = 2.5 \sim 6.5\text{N/mm}^2$。

1.6.2　钢筋的锚固长度

1. 基本锚固长度

当钢筋最大应力 σ_{smax} 与屈服强度 f_y 相等

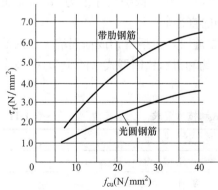

图 1-3　黏结强度与混凝土立方体
抗压强度之间的关系

时，按式（1-5）可算得钢筋埋入混凝土中的长度，把它称为钢筋基本锚固长度，用 l_{ab} 表示

$$l_{ab} = \frac{d f_y}{4 \overline{\tau}_f} \qquad (1\text{-}6)$$

将不同种类的钢筋屈服强度 f_y 和不同强度等级的黏结强度 $\overline{\tau}_f$，代入式（1-6）中，可求得钢筋锚固长度理论值。《混规》将式（1-6）中的 $\overline{\tau}_f$ 换算成混凝土抗拉强度 f_t 和与钢筋外形有关的系数 α，经可靠度分析并考虑我国经验，便可得到受拉钢筋的基本锚固长度公式：

$$l_{ab} = \alpha \frac{d f_y}{f_t} \qquad (1\text{-}7)$$

式中 l_{ab}——普通钢筋受拉时基本锚固长度；

　　　　d——钢筋直径；

　　　　f_y——普通钢筋抗拉强度设计值；

　　　　f_t——混凝土轴心抗拉强度设计值，当混凝土强度等级高于 C60 时，按 C60 采用；

　　　　α——锚固钢筋外形系数，光面钢筋 $\alpha = 0.16$；带肋钢筋 $\alpha = 0.14$。光面钢筋末端应做成 $180°$ 弯钩。弯后平直段长度不应小于 $3d$，但做受压钢筋时可不弯钩。

2. 钢筋锚固长度

受拉钢筋的锚固长度应根据锚固条件按下列公式进行计算，且不应小于 200mm：

$$l_a = \zeta_a l_{ab} \qquad (1\text{-}8)$$

式中 ζ_a——锚固长度修正系数，对普通钢筋应按下列规定采用，当多于一项时，可按连乘计算，但不应小于 0.60：

（1）当带肋钢筋的公称直径大于 25mm 时取 1.10；

（2）环氧树脂涂层带肋钢筋取 1.25；

（3）施工过程中易受扰动的钢筋取 1.10；

（4）当纵向受力钢筋的实际配筋面积大于其设计计算面积时，修正系数取设计计算面积与实际配筋面积的比值，但对有抗震设防要求及直接承受动力荷载的结构构件，不应考虑此项修正；

（5）锚固钢筋的保护层厚度为 $3d$ 时修正系数可取 0.80，保护层厚度为 $5d$ 时修正系数可取 0.70，中间按内插取值，此处 d 为锚固钢筋的直径。

当纵向受拉普通钢筋末端采用弯钩或机械锚固措施时，包括弯钩或锚固端头在内的锚固长度（投影长度）可取为基本长度 l_{ab} 的 60%。弯钩和机械锚固形式（图 1-4）和技术要求应符合表 1-11 的要求。

钢筋弯钩和机械锚固的形式和技术要求   表 1-11

锚固形式	技 术 要 求
90°弯钩	末端 90°弯钩，弯钩内径 $4d$，弯钩直段长度 $12d$
135°弯钩	末端 135°弯钩，弯钩内径 $4d$，弯钩直段长度 $5d$
一侧贴焊锚筋	末端一侧贴焊长 $5d$ 同直径钢筋
两侧贴焊锚筋	末端两侧贴焊长 $3d$ 同直径钢筋

续表

锚固形式	技 术 要 求
焊端锚板	末端与厚度 d 的锚板穿塞焊
螺栓锚头	末端旋入螺栓锚头

注：1. 焊缝和螺纹长度应满足承载力要求；
　　2. 螺栓锚头和接端锚板的承压净面积不应小于锚固钢筋截面积的4倍；
　　3. 螺栓锚头的规格应符合相关标准；
　　4. 螺栓锚头和焊接锚板的钢筋净间距不宜小于 $4d$，否则应考虑群锚效应的不利影响；
　　5. 截面角部的弯钩和一侧贴焊锚筋的布筋方向宜向截面内侧偏斜。

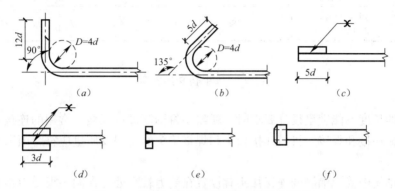

图 1-4　弯钩和机械锚固的形式和技术要求

(a) 90°弯钩；(b) 135°弯钩；(c) 一侧贴焊锚筋；(d) 两侧贴焊锚筋；

(e) 穿孔塞焊锚板；(f) 螺栓锚头

　　混凝土结构中的纵向受压钢筋，当计算中充分利用其抗压强度时，锚固长度不应小于相应受拉锚固长度的70%。

　　3. 受拉钢筋抗震锚固长度

　　纵向受拉钢筋抗震锚固长度 l_{aE} 应按下式计算：

$$l_{aE} = \zeta_{aE} l_a \tag{1-9}$$

式中　ζ_{aE}——纵向受拉钢筋抗震锚固长度修正系数，对一、二级抗震等级取1.15，对三级抗震等级取1.05，对四级抗震等级取1.00；

　　　　l_a——纵向受拉钢筋锚固长度。

　　为了便于应用，表1-12列出了纵向受拉钢筋的基本锚固长度值。

受拉钢筋的基本锚固长度值 l_{ab}、l_{abE}　　　　表 1-12

钢筋种类	抗震等级	混凝土强度等级								
		C20	C25	C30	C35	C40	C45	C50	C55	≥C60
HPB300	一、二级（l_{abE}）	$45d$	$39d$	$35d$	$32d$	$29d$	$28d$	$26d$	$25d$	$24d$
	三级（l_{abE}）	$41d$	$36d$	$32d$	$29d$	$26d$	$25d$	$24d$	$23d$	$22d$
	四级（l_{abE}）非抗震（l_{ab}）	$39d$	$34d$	$30d$	$28d$	$25d$	$24d$	$23d$	$22d$	$21d$
HRB335 HRBF335	一、二级（l_{abE}）	$44d$	$38d$	$33d$	$31d$	$29d$	$26d$	$25d$	$24d$	$24d$
	三级（l_{abE}）	$40d$	$35d$	$31d$	$28d$	$26d$	$24d$	$23d$	$23d$	$22d$
	四级（l_{abE}）非抗震（l_{ab}）	$38d$	$33d$	$29d$	$27d$	$25d$	$23d$	$22d$	$21d$	$21d$

续表

钢筋种类	抗震等级	混凝土强度等级								
		C20	C25	C30	C35	C40	C45	C50	C55	≥C60
HRB400 HRBF400 RRB400	一、二级（l_{abE}）	—	46d	40d	37d	33d	32d	31d	30d	29d
	三级（l_{abE}）	—	42d	37d	34d	30d	29d	28d	27d	26d
	四级（l_{abE}） 非抗震（l_{ab}）	—	40d	35d	32d	29d	28d	27d	26d	25d
HRB500 HRBF500	一、二级（l_{abE}）	—	55d	49d	45d	41d	39d	37d	36d	35d
	三级（l_{abE}）	—	50d	45d	41d	38d	36d	34d	33d	32d
	四级（l_{abE}） 非抗震（l_{ab}）	—	48d	43d	39d	36d	34d	32d	31d	30d

1.7　钢筋的连接

当钢筋的长度不能满足设计要求时，就需要将钢筋进行连接。常用的连接形式有：绑扎搭接、机械连接和焊接。机械连接接头和焊接接头的类型及质量应符合国家现行有关标准的规定。

混凝土结构中受力钢筋的连接接头宜设置在受力较小处。在同一根受力钢筋上宜少设置接头。在结构的重要构件和关键传力部位，纵向受力钢筋不宜设置连接接头。

1.7.1　绑扎搭接

1. 工作原理及应用范围

绑扎搭接的基本原理是，通过搭接钢筋之间的混凝土将一根钢筋的拉力传递给另一根钢筋。这种传力方式实际上是通过钢筋与混凝土之间的黏结力来实现的。因此，为了有效地传递这一拉力，两根钢筋必须有足够的搭接长度。

《混规》规定，轴心受拉及小偏心受拉杆件的纵向受力钢筋不得采用绑扎搭接；其他构件中的钢筋采用绑扎搭接时，受拉钢筋直径不宜大于 25mm，受压钢筋直径不宜大于 28mm。这一规定，是由于近年来钢筋强度提高，纵向受拉钢筋所受拉力增大，加之各种机械连接技术的发展，为了使钢筋的连接更加安全可靠，《混规》对绑扎搭接连接钢筋应用范围及直径作了较为严格的限制。

2. 绑扎连接非抗震的搭接长度

纵向受拉钢筋绑扎搭接接头的搭接长度，应根据位于同一连接区段内的纵向钢筋搭接接头面积百分率按下列公式计算：

$$l_l = \zeta_l l_a \tag{1-10}$$

式中　l_l——纵向受拉钢筋的搭接长度；

　　　ζ_l——纵向受拉钢筋的搭接长度修正系数，按表 1-13 采用；

　　　l_a——纵向受拉钢筋的锚固长度。

纵向受拉的搭接长度修正系数 ζ_l 表 1-13

纵向受拉钢筋搭接接头面积百分率（%）	≤25	50	100
ζ_l	1.2	1.4	1.6

同一构件中相邻纵向受力钢筋的绑扎搭接接头的位置应相互错开。钢筋绑扎搭接接头连接区段的长度为 1.3 倍搭接长度，凡搭接接头中点位于该连接区段长度内的搭接接头均属于同一连接区段。同一连接区段内纵向钢筋搭接接头面积百分率为该区段内有搭接接头的纵向受力钢筋截面面积与全部纵向受力钢筋截面面积的比值（图 1-5）。

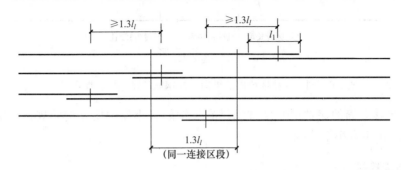

图 1-5　同一连接区段内的纵向受拉钢筋绑扎搭接接头

在计算纵向受拉钢筋的搭接长度时尚应符合下列要求：

（1）位于同一连接区段内的纵向受拉钢筋搭接接头面积百分率：对梁类、板类、墙类构件，不宜大于 25%；对柱类构件，不宜大于 50%。当工程中确有必要增大受拉钢筋搭接接头面积百分率时，对梁类构件，不宜大于 50%；对板、墙、柱类构件，可根据实际情况放宽。

（2）在任何情况下，纵向受拉钢筋绑扎搭接接头的搭接长度均不应小于 300mm。

（3）构件中的纵向受压钢筋，当采用绑扎搭接接头时，其搭接长度不应小于按式（1-10）计算结果的 0.7 倍。且在任何情况下，不应小于 200mm。

（4）在梁、柱类构件的纵向受力钢筋搭接长度范围内应配置箍筋，其直径不应小于搭接钢筋较大直径的 0.25 倍。当钢筋受拉时，箍筋间距不应大于搭接钢筋较小直径的 5 倍，且不应大于 100mm；当钢筋受压时，箍筋间距不应大于搭接钢筋较小直径的 10 倍，且不应大于 200mm。当受压钢筋直径 $d \geqslant 25mm$ 时，尚应在搭接接头两个端面外 100mm 范围内各设两个箍筋。

3. 绑扎连接的抗震搭接长度

纵向受拉钢筋绑扎连接的抗震搭接长度 l_{lE} 应按下式计算：

$$l_{lE} = \zeta_l l_{aE} \tag{1-11}$$

式中　ζ_l——纵向受拉钢筋的搭接长度修正系数；

　　　l_{aE}——纵向爱拉钢筋抗震锚固长度。

1.7.2　机械连接接头

1. 纵向受力钢筋机械连接接头宜相互错开。钢筋机械连接接头连接区段的长度为 35d（d 为纵向受力钢筋的较小直径），凡接头中点位于该连接区段长度内的机械连接接头均属于同一连接区段（图 1-6）。

2. 位于同一连接区段内的纵向受拉钢筋接头面积百分率不宜大于 50%；但对板、墙、柱可根据实际情况放宽。纵向受压钢筋接头面积百分率可不受限制。

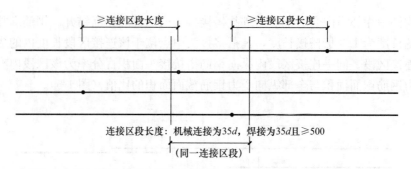

图 1-6　同一连接区段内的纵向受拉钢筋机械连接、焊接接头

3. 机械连接套筒的保护层厚度宜满足有关钢筋最小保护层厚度的规定。机械连接套筒的横向净间距不宜小于 25mm。

1.7.3　焊接连接接头

1. 纵向受力钢筋焊接接头应相互错开。钢筋焊接接头连接区段的长度为 35d（d 为较大的直径），且不小于 500mm。凡接头中点位于该连接区段长度内的焊接接头，均属于同一连接区段（图 1-6）。

2. 位于同一连接区段内的纵向受力钢筋的焊接接头面积百分率，对纵向受拉钢筋接头，不应大于 50％；对纵向受压钢筋的接头面积百分率可不受限制。

上面介绍了钢筋的连接形式及搭接长度的计算方法。各种类型钢筋接头的传力性能均不如直接传力的整根钢筋。因此，钢筋连接的基本原则为：混凝土结构中受力钢筋的连接接头宜设置在受力较小处。在同一根受力钢筋上宜少设接头。在结构的重要构件和关键传力部位，纵向受力钢筋不宜设置连接接头。

第2章　基础钢筋工程量计算

2.1　柱下独立基础钢筋量计算

2.1.1　构造规定与计算公式

1. 构造规定

柱下独立基础按其剖面形式分为阶形基础和坡形（又称锥形）基础，其代号分别为 DJ_J 和 DJ_P 表示。

柱下独立基础的构造，应符合下列规定：

（1）柱下独立基础在基底净反力作用下双向受弯，故基础底板在两个方向均应配置受力钢筋，且长向钢筋设置在下，短向钢筋设置在上。

这一规定是考虑到，基础沿长向的横截面内力较大，把长向钢筋设置在下面可获得较大的承载力。参见图 2-1（a）、（b）。

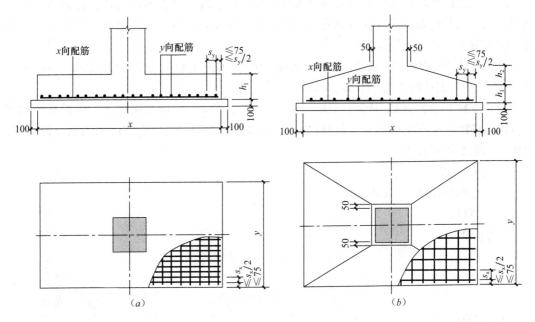

图 2-1　独立基础底板配筋构造

（a）阶形；（b）坡形

（2）当柱下独立基础底板长度≥2500mm 时，除外侧钢筋外，底板配筋长度可取相应方向底板长度的 0.9。参见图 2-2。

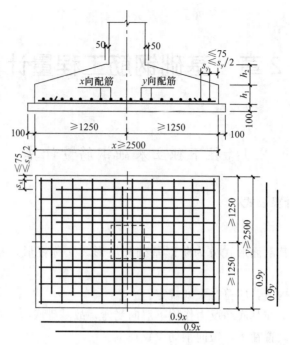

图 2-2　独立基础底板长度≥2500mm 配筋构造
对称独立基础

因为底板钢筋截面是根据该方向底板柱根处（最危险）横截面内力计算得到的。所以远离该截面的其他截面的承载力都有较多的富裕。因此，可将该方向的钢筋缩短10%。这样，既可节约钢材又能保证结构安全。

（3）在计算受力钢筋根数时，要注意基础边缘第 1 根钢筋距基础缘距离的要求：$\min(s/2, 75)$，即取受力钢筋间距的 1/2 和 75mm 中的较小者。

（4）双柱普通独立基础底部与顶部配筋构造见图 2-3。双向交叉钢筋，应根据基础两个方向从柱的外缘至基础的外缘的伸出长度 e_x 和 e'_x 的大小，较大者方向的钢筋设置在下，较小者的钢筋设置在上。

2. 计算公式

（1）基础底面尺寸＜2500mm

1）下料长度

x 方向❶

$$x_0 = x - 2c \qquad （带肋）$$

$$x_0 = x - 2c + 6.25d_x \times 2 \qquad （光圆）$$

y 方向

$$y_0 = y - 2c \qquad （带肋）$$

$$y_0 = y - 2c + 6.25d_y \times 2 \qquad （光圆）$$

2）钢筋根数

x 方向

$$n_x = [y - \min(s_x/2, 75) \times 2] \div s_x + 1$$

y 方向

$$n_y = [x - \min(s_y/2, 75) \times 2] \div s_y + 1$$

---

❶　本书规定，对独立基础而言，x、y 分别为基础底面的长边和短边；对条形基础而言，则相反。

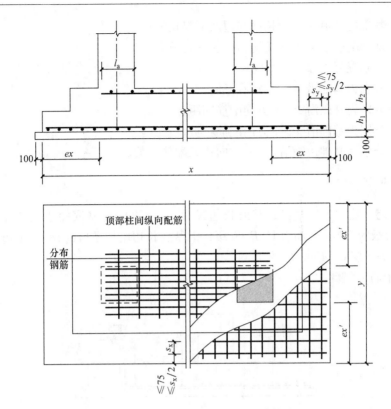

图 2-3　双柱普通独立基础底配筋构造

（2）基础底面尺寸≥2500mm

1）下料长度

x 方向

短筋：
$$x_0 = x \times 0.9 \qquad （带肋）$$
$$x_0 = x \times 0.9 + 6.25 d_x \times 2 \qquad （光圆）$$

长筋：
$$x_0' = x - 2c \qquad （带肋）$$
$$x_0' = x - 2c + 6.25 d_x \times 2 \qquad （光圆）$$

y 方向

短筋：
$$y_0 = y \times 0.9 \qquad （带肋）$$
$$y_0 = y \times 0.9 + 6.25 d_y \times 2 \qquad （光圆）$$

长筋：
$$y_0' = y - 2c \qquad （带肋）$$
$$y_0' = y - 2c + 6.25 d_y \times 2 \qquad （光圆）$$

2）钢筋根数

x 方向
$$n_x = [y - \min(s_x/2, 75) \times 2] \div s_x - 1$$
$$n_x' = 2$$

y 方向
$$n_y = [x - \min(s_y/2, 75) \times 2] \div s_y - 1$$
$$n_y' = 2$$

式中　x——基础底面沿 x 方向边长（指较长的基底边长）；

　　　y——基础底面沿 y 方向边长（指较短的基底边长）；

x_0'、x_0——基础配筋沿 x 方向长筋和短筋下料长度；

y_0'、y_0——基础配筋沿 y 方向长筋和短筋下料长度；

c——基础混凝土保护层厚度；

d_x、d_y——分别为基础沿 x、y 方向配筋直径；

s_x、s_y——分别为基础沿 x、y 方向配筋间距；

n_x、n_y——分别为基础沿 x、y 方向配筋根数；

n_x'、n_y'——分别为基础边缘沿 x、y 方向边缘配筋根数。

2.1.2　计算实例

【例题 2-1】　柱下独立基础，基底长边尺寸 $x=2000\text{mm}$ 基底短边尺寸 $y=1500\text{mm}$。混凝土强度等级为 C20，钢筋为 HPB300 级：沿基底长边配置 $\phi14@180$，短边配置 $\phi12@180$。混凝土保护层 $c=45\text{mm}$（图 2-4）。

试确定钢筋工程量。

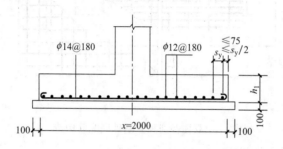

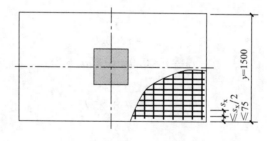

图 2-4　【例题 2-1】附图

【解】

1. 手工计算

（1）x 方向钢筋长度 x_0 和根数 n_x

【例题 2-1】附表　　　　　　　　　　　　　　　　　　表 2-1

计算公式		$x_0 = x - 2c + 6.25d \times 2$（光圆）			
		$n_x = [y - \min(s_x/2, \ 75) \times 2] \div s_x + 1$			
基底尺寸、条件判别	$x=2000$	起步距离		钢筋长度	根数
		$s_x/2$			
	$y=1500$	75			

续表

计算过程		$180/2＝90$	取较小值 75		
		75			
长度算式	$x_0＝2000－2×45＋6.25×14×2$			2085	
根数算式	$n_x＝(1500－75×2)÷180＋1$				9

（2）y 方向钢筋长度 y_0 和根数 n_y

【例题 2-1】附表　　　　　　　　　　　　　　　　表 2-2

计算公式		$y_0＝y－2c＋6.25d×2$（光圆）			
		$n_y＝[x－\min(s_x/2,75)×2]÷s_y＋1$			
基底尺寸、条件判别	$x＝2000＜2500$	起步钢筋距离		钢筋长度	根数
		$s_x/2$			
	$y＝1500$	75			
计算过程		$180/2＝90$	取较小值 75		
		75			
长度算式	$y_0＝1500－2×45＋6.25×12×2$			1560	
根数算式	$n_y＝(2000－75×2)÷180＋1$				12

2. 按计算器程序计算

（1）按 AC/ON 键打开计算器，按 MENU 键，进入主菜单界面；

（2）按字母 B 键或数字 9 键，进入程序菜单❶；

（3）找到计算基础底板钢筋量的计算程序名：[DJCHGJ] 按 EXE 键；

（4）按屏幕提示进行操作（表 2-3），最后，得出计算结果。

【例题 2-1】附表　　　　　　　　　　　　　　　　表 2-3

序号	屏幕显示	输入数据	计算结果	单位	说　明
1	$G＝?$	1，EXE		—	输入钢筋类别，HPB300 输入数字 1
2	$x＝?$	2000，EXE		mm	输入基础底面长边尺寸
3	$y＝?$	1500，EXE		mm	输入基础底面短边尺寸
4	$c＝?$	45，EXE		mm	输入混凝土底板保护层厚度
5	$d_x＝?$	14，EXE		mm	输入底板沿长边方向钢筋直径
6	$s_x＝?$	180，EXE		mm	输入底板沿长边方向钢筋间距
7	$d_y＝?$	12，EXE		mm	输入底板沿短边方向钢筋直径
8	$s_y＝?$	180，EXE		mm	输入底板沿短边方向钢筋间距
9	$x_0＝?$		2085，EXE	mm	输出底板沿长边方向钢筋下料长度
10	$y_0＝?$		1560，EXE	mm	输出底板沿短边方向钢筋下料长度

❶ 本书所用编程计算器除 fx-CG20 外，也可应用 fx-9750G Ⅱ。若使用后者则进入程序菜单按数字键 9。

续表

序号	屏幕显示	输入数据	计算结果	单位	说　明
11	n_x		8.5，EXE	—	输入底板长边钢筋根数，取9根
12	n_y		11.28，EXE	—	输入底板长边钢筋，取12根

【例题 2-2】　柱下独立基础，基底长边尺寸 $x=2000$ 基底短边尺寸 $y=1500\mathrm{mm}$。混凝土强度等级为 C20，钢筋采用 HRB335 级：沿基底长边配置$\Phi 14@180$，短边配置$\Phi 12@180$。混凝土保护层 $c=45\mathrm{mm}$（图 2-5）。

试确定钢筋工程量。

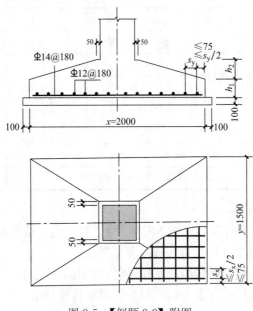

图 2-5　【例题 2-2】附图

【解】

1. 手工计算

（1）x 方向钢筋长度和根数

【例题 2-2】附表　　　　　　　　　　　　　　　　表 2-4

计算公式	$x_0=x-2c$（带肋）				
	$n_x=[y-\min(s_x/2,75)\times2]\div s_x+1$				
基底尺寸、条件判别	$x=2000<2500$	起步距离		钢筋长度	根数
		$s_x/2$			
	$y=1500$	75			
计算过程		$180/2=90$	取较小值		
		75	75		
长度算式	$x_0=2000-2\times45$			1910	
根数算式	$n_x=(1500-75\times2)\div180+1$				9

（2）y 方向钢筋长度和根数

【例题 2-2】附表　　　　　　　　　　　　　　　　　　　　表 2-5

计算公式	$y_0 = y - 2c$				
	$n_y = (x - \min(s_x/2,\ 75) \times 2) \div s_y + 1$				
基底尺寸、条件判别	$x = 2000 < 2500$	起步距离		钢筋长度	根数
		$s_x/2$			
	$y = 1500$	75			
计算过程		$180/2 = 90$	取较小值		
		75	75		
长度算式	$y_0 = 1500 - 2 \times 45$			1410	
根数算式	$n_y = (2000 - 75 \times 2) \div 180 + 1$				12

2. 按计算器程序计算

（1）按 AC/ON 键打开计算器，按 MENU 键，进入主菜单界面；

（2）按字母 B 键或数字 9 键，进入程序菜单；

（3）找到计算基础底板钢筋量的计算程序名：［DJCHGJ］按 EXE 键；

（4）按屏幕提示进行操作（表 2-6），最后，得出计算结果。

【例题 2-2】附表　　　　　　　　　　　　　　　　　　　　表 2-6

序号	屏幕显示	输入数据	计算结果	单位	说　　明
1	$G = ?$	2，EXE		—	输入钢筋类别，HRB335 输入数字 2
2	$x = ?$	2000，EXE		mm	输入基础底面长边尺寸
3	$y = ?$	1500，EXE		mm	输入基础底面短边尺寸
4	$c = ?$	45，EXE		mm	输入混凝土底板保护层厚度
5	$d_x = ?$	14，EXE		mm	输入底板沿长边方向钢筋直径
6	$s_x = ?$	180，EXE		mm	输入底板沿长边方向钢筋间距
7	$d_y = ?$	12，EXE		mm	输入底板沿短边方向钢筋直径
8	$s_y = ?$	180，EXE		mm	输入底板沿短边方向钢筋间距
9	$x_0 = ?$		1910，EXE	mm	输出底板沿长边方向钢筋下料长度
10	$y_0 = ?$		1410，EXE	mm	输出底板沿短边方向钢筋下料长度
11	n_x		8.50，EXE	—	输入底板长边钢筋根数，取 9 根
12	n_y		11.28，EXE	—	输入底板长边钢筋根数，取 12 根

【例题 2-3】　柱下独立基础，基底长边尺寸 $x = 3000$ 基底短边尺寸 $y = 2600$mm。混凝土强度等级为 C20，钢筋采用 HPB300 级：沿基底长边配置 $\phi 14@180$，短边配置 $\phi 12@180$。混凝土保护层 $c = 45$mm（图 2-6）。

试确定钢筋工程量。

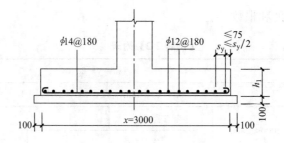

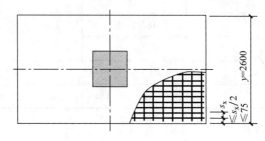

图 2-6 【例题 2-3】附图

【解】

1. 手工计算

（1）x 方向钢筋长度和根数

【例题 2-3】附表　　　　　　　　　　　　　表 2-7

计算公式	$x_0 = x \times 0.9 + 6.25d_x \times 2$			
	$x_0' = x - 2c + 6.25d_x \times 2$			
	$n_x = [y - \min(s_x/2,\ 75) \times 2] \div s_x - 1$			$n_x' = 2$
基底尺寸、条件判别	$x = 3000$	起步距离		钢筋长度	根数
		$s_x/2$			
	$y = 2600$	75			
计算过程		$180/2 = 90$	取较小值 75		
		75			
长度算式	$x_0 = 3000 \times 0.9 + 6.25 \times 14 \times 2$			2875	
	$x_0' = 3000 - 2 \times 45 + 6.25 \times 14 \times 2$			3085	
根数算式	$n_x = (2600 - 75 \times 2) \div 180 - 1$				13

（2）y 方向钢筋长度和根数

【例题 2-3】附表　　　　　　　　　　　　　表 2-8

计算公式	$y_0 = y \times 0.9 + 6.25d_y \times 2$（光圆）	
	$y_0' = y - 2c + 6.25d_y \times 2$（光圆）	
	$n_y = (x - \min(s_y/2,\ 75) \times 2) \div s_y - 1$	$n_x' = 2$

续表

基底尺寸、条件判别	$x=3000$	起步距离		钢筋长度	根数
		$s_y/2$			
	$y=2600$	75			
计算过程		$180/2=90$	取较小值 75		
		75			
长度算式	$y_0=2600\times0.9+6.25\times12\times2$			2490	
	$y_0'=2600-2\times45+6.25\times12\times2$			2660	
根数算式	$n_x=(3000-75\times2)\div180-1$				15

2. 按计算器程序计算

（1）按 AC/ON 键打开计算器，按 MENU 键，进入主菜单界面；

（2）按字母 B 键或数字 9 键，进入程序菜单；

（3）找到计算基础底板钢筋量的计算程序名：[DJCHGJ] 按 EXE 键；

（4）按屏幕提示进行操作（表 2-9），最后，得出计算结果。

【例题 2-3】附表　　　　　　　　　　　　　　表 2-9

序号	屏幕显示	输入数据	计算结果	单位	说　明
1	$G=?$	1，EXE		—	输入钢筋类别，HPB300 输入数字 1
2	$x=?$	3000，EXE		mm	输入基础底面长边尺寸
3	$y=?$	2600，EXE		mm	输入基础底面短边尺寸
4	$c=?$	45，EXE		mm	输入混凝土底板保护层厚度
5	$d_x=?$	14，EXE		mm	输入底板沿长边方向钢筋直径
6	$s_x=?$	180，EXE		mm	输入底板沿长边方向钢筋间距
7	$d_y=?$	12，EXE		mm	输入底板沿短边方向钢筋直径
8	$s_y=?$	180，EXE		mm	输入底板沿长边方向钢筋间距
9	$x_0=?$		2875，EXE	mm	输出底板沿长边方向钢筋下料长度
10	$y_0=?$		2490，EXE	mm	输出底板沿短边方向钢筋下料长度
11	$x_0'=?$		3085，EXE	mm	输出底板沿长边方向边缘钢筋下料长度
12	$y_0'=?$		2660，EXE	mm	输出底板沿短边方向边缘钢筋下料长度
13	n_x		12.61，EXE	—	输出底板长边钢筋根数，取 13 根
14	n_y		14.83，EXE	—	输出底板长边钢筋根数，取 15 根
15	n_x'		2，EXE	—	输出底板长边方向边缘钢筋根数
16	n_y'		2，EXE	—	输出底板短边方向边缘钢筋根数

【例题 2-4】　柱下独立基础，基底长边尺寸 $x=3000$mm 基底短边尺寸 $y=2600$mm。混凝土强度等级为 C20，钢筋采用 HRB335 级：沿基底长边配置 $\Phi14@180$，短边配置 $\Phi12@180$。混凝土保护层 $c=45$mm（图 2-7）。

试确定钢筋工程量。

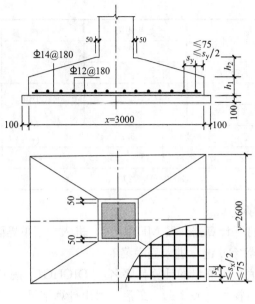

图 2-7 【例题 2-4】附图

【解】

1. 手工计算

（1）x 方向钢筋长度和根数

【例题 2-4】附表   表 2-10

计算公式	$x_0 = x \times 0.9$			
	$x_0' = x - 2c$			
	$n_x = [y - \min(s_x/2, 75) \times 2] \div s_x - 1$		$n_x' = 2$	
基底尺寸、条件判别	$x = 3000$	起步距离	钢筋长度	根数
		$s_x/2$		
	$y = 2600$	75		
计算过程		$180/2 = 90$	取较小值 75	
		75		
长度算式	$x_0 = 3000 \times 0.9$		2700	
	$x_0' = 3000 - 2 \times 45$		2910	
根数算式	$n_x = (2600 - 75 \times 2) \div 180 - 1$			13

（2）y 方向钢筋长度和根数

【例题 2-4】附表   表 2-11

计算公式	$y_0 = y \times 0.9$	
	$y_0' = y - 2c$	
	$n_y = [x - \min(s_y/2, 75) \times 2] \div s_y - 1$	$n_y' = 2$

基底尺寸、条件判别	$x=3000$	起步距离		钢筋长度	根数
		$s'_x/2$			
	$y=2600$	75			
计算过程		$180/2=90$	取较小值 75		
		75			
长度算式	$y_0=2600\times0.9$			2340	
	$y'_0=2600-2\times45$			2510	
根数算式	$n_y=(3000-75\times2)\div180-1$				15

2. 按计算器程序计算

（1）按 AC/ON 键打开计算器，按 MENU 键，进入主菜单界面；

（2）按字母 B 键或数字 9 键，进入程序菜单；

（3）找到计算基础底板钢筋量的计算程序名：［DJCHGJ］按 EXE 键；

（4）按屏幕提示进行操作（表 2-12），最后，得出计算结果。

【例题 2-4】附表　　　　　　　　　　　　　　　表 2-12

序号	屏幕显示	输入数据	计算结果	单位	说　　明
1	$G=?$	2，EXE		—	输入钢筋类别，HRB335 输入数字 2
2	$x=?$	3000，EXE		mm	输入基础底面长边尺寸
3	$y=?$	2600，EXE		mm	输入基础底面短边尺寸
4	$c=?$	45，EXE		mm	输入混凝土底板保护层厚度
5	$d_x=?$	14，EXE		mm	输入底板沿长边方向钢筋直径
6	$s_x=?$	180，EXE		mm	输入底板沿长边方向钢筋间距
7	$d_y=?$	12，EXE		mm	输入底板沿短边方向钢筋直径
8	$s_y=?$	180，EXE		mm	输入底板沿短边方向钢筋间距
9	$x_0=?$		2700，EXE	mm	输出底板沿长边方向钢筋下料长度
10	$y_0=?$		2340，EXE	mm	输出底板沿短边方向钢筋下料长度
11	$x'_0=?$		2910，EXE	mm	输出底板沿长边方向边缘钢筋下料长度
12	$y'_0=?$		2510，EXE	mm	输出底板沿短边方向边缘钢筋下料长度
13	n_x		12.61，EXE	—	输入底板长边钢筋根数，取 13 根
14	n_y		14.83，EXE	—	输入底板短边钢筋根数，取 15 根
15	n'_x		2，EXE	—	输出底板长边方向边缘钢筋根数
16	n'_y		2，EXE	—	输出底板短边方向边缘钢筋根数

【例题 2-5】　柱下独立基础，基底长边尺寸 $x=3000$ 基底短边尺寸 $y=2000$mm。混凝土强度等级为 C20，钢筋采用 HPB300 级：沿基础长边配置 $\phi14@180$，短边配置 $\phi12@180$。混凝土保护层 $c=45$mm（图 2-8）。

试确定钢筋工程量。

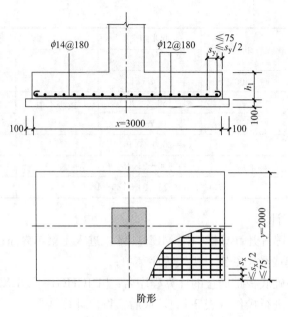

图 2-8 【例题 2-5】附图

【解】

1. 手工计算

（1）x 方向钢筋长度和根数

	【例题 2-5】附表		表 2-13	
计算公式	$x_0 = x \times 0.9 + 6.25d_x \times 2$			
	$x_0' = x - 2c + 6.25d_x \times 2$			
	$n_x = [y - \min(s_x/2, 75) \times 2] \div s_x - 1$		$n_x' = 2$	
基底尺寸、条件判别	$x = 3000$	起步距离	钢筋长度	根数
		$s_x/2$		
	$y = 2000$	75		
计算过程		$180/2 = 90$	取较小值	
		75	75	
长度算式	$x_0 = 3000 \times 0.9 + 6.25 \times 14 \times 2$		2875	
	$x_0' = 3000 - 2 \times 45 + 6.25 \times 14 \times 2$		3085	
根数算式	$n_x = (2000 - 75 \times 2) \div 180 - 1$			10

（2）y 方向钢筋长度和根数

	【例题 2-5】附表	表 2-14
计算公式	$y_0 = y - 2c + 6.25d_y \times 2$（光圆）	
	$n_y = [x - \min(s_y/2, 75) \times 2] \div s_y - 1$	

续表

基底尺寸、条件判别	$x=3000$	起步距离		钢筋长度	根数
		$s_y/2$			
	$y=2000$	75			
计算过程		$180/2=90$	取较小值 75		
		75			
长度算式	$y_0=2000-2\times45+6.25\times12\times2$			2060	
根数算式	$n_y=(3000-75\times2)\div180+1$				17

2. 按计算器程序计算

(1) 按 AC/ON 键打开计算器，按 MENU 键，进入主菜单界面；

(2) 按字母 B 键或数字 9 键，进入程序菜单；

(3) 找到计算基础底板钢筋量的计算程序名：[DJCHGJ] 按 EXE 键；

(4) 按屏幕提示进行操作（表 2-15），最后，得出计算结果。

【例题 2-5】附表　　　　　　　　　　　　　　表 2-15

序号	屏幕显示	输入数据	计算结果	单位	说　明
1	$G=?$	1，EXE		—	输入钢筋类别，HPB300 输入数字 1
2	$x=?$	3000，EXE		mm	输入基础底面长边尺寸
3	$y=?$	2000，EXE		mm	输入基础底面短边尺寸
4	$c=?$	45，EXE		mm	输入混凝土底板保护层厚度
5	$d_x=?$	14，EXE		mm	输入底板沿长边方向钢筋直径
6	$s_x=?$	180，EXE		mm	输入底板沿长边方向钢筋间距
7	$d_y=?$	12，EXE		mm	输入底板沿短边方向钢筋直径
8	$s_y=?$	180，EXE		mm	输入底板沿长边方向钢筋间距
9	x_0		2875，EXE	mm	输出底板沿长边方向钢筋下料长度
10	y_0		2060，EXE	mm	输出底板沿短边方向钢筋下料长度
11	x_0'		3085，EXE	—	输出底板沿长边方向边缘钢筋下料长度
12	n_x		9.28，EXE	—	输入底板长边钢筋根数，取 10 根
13	n_y		16.83，EXE	—	输入底板长边钢筋，取 17 根

【例题 2-6】柱下独立基础，基底长边尺寸 $x=3000$ 基底短边尺寸 $y=2000$mm。混凝土强度等级为 C20，钢筋采用 HRB335 级：沿基底长边配置Ф14@180，短边配置Ф12@180。混凝土保护层 $c=45$mm（图 2-9）。

试确定基钢筋工程量。

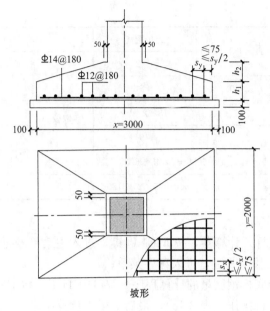

图 2-9 【例题 2-6】附图

【解】

1. 手工计算

（1）x 方向钢筋长度和根数

【例题 2-6】附表 　　　　　　　　　　　　表 2-16

计算公式	$x_0 = x \times 0.9$				
	$x_0' = x - 2c$				
	$n_x = [y - \min(s_x/2,\ 75) \times 2] \div s_x - 1$			$n_x' = 2$	
基底尺寸、条件判别	$x = 3000$	起步距离		钢筋长度	根数
		$s_x/2$			
	$y = 2000$	75			
计算过程		$180/2 = 90$	取较小值 75		
		75			
长度算式	$x_0 = 3000 \times 0.9$			2700	
	$x_0' = 3000 - 2 \times 45$			2910	
根数算式	$n_x = (2000 - 75 \times 2) \div 180 - 1$				10

（2）y 方向钢筋长度和根数

【例题 2-6】附表 　　　　　　　　　　　　表 2-17

计算公式	$y_0 = y - 2c$
	$n_y = [x - \min(s_y/2,\ 75) \times 2] \div s_y + 1$

续表

基底尺寸、条件判别	$x=3000$	起步距离		钢筋长度	根数
		$s_y/2$			
	$y=2000$	75			
计算过程		$180/2=90$	取较小值 75		
		75			
长度算式	$y_0=2000-2\times45$			1910	
根数算式	$n_y=(3000-75\times2)\div180+1$				17

2. 按计算器程序计算

(1) 按 AC/ON 键打开计算器，按 MENU 键，进入主菜单界面；

(2) 按字母 B 键或数字 9 键，进入程序菜单；

(3) 找到计算基础底板钢筋量的计算程序名：[DJCHGJ] 按 EXE 键；

(4) 按屏幕提示进行操作（表 2-18），最后，得出计算结果。

【例题 2-6】附表　　　　　　　　　　　　表 2-18

序号	屏幕显示	输入数据	计算结果	单位	说　明
1	$G=?$	2，EXE		—	输入钢筋类别，HRB335 输入数字 2
2	$x=?$	3000，EXE		mm	输入基础底面长边尺寸
3	$y=?$	2000，EXE		mm	输入基础底面短边尺寸
4	$c=?$	45，EXE		mm	输入混凝土底板保护层厚度
5	$d_x=?$	14，EXE		mm	输入底板沿长边方向钢筋直径
6	$s_x=?$	180，EXE		mm	输入底板沿长边方向钢筋间距
7	$d_y=?$	12，EXE		mm	输入底板沿短边方向钢筋直径
8	$s_y=?$	180，EXE		mm	输入底板沿短边方向钢筋间距
9	$x_0=?$		2700，EXE	mm	输出底板沿长边方向钢筋下料长度
10	$y_0=?$		1910，EXE	mm	输出底板沿短边方向钢筋下料长度
11	$x_0'=?$		2910，EXE	mm	输出底板沿长边方向边缘钢筋下料长度
12	n_x		9.27，EXE	—	输入底板长边钢筋根数，取 10 根
13	n_y		16.83，EXE	—	输入底板长边钢筋根数，取 17 根
14	n_x'		2，EXE	—	输出底板长边方向边缘钢筋根数

【例题 2-7】钢筋混凝土框架结构基础，混凝土强度等级为 C30，环境类别二 a 类。抗震等级为二级，基础底部混凝土保护层为 40mm，顶部为 20mm。板的底部配筋：x 方向 ⫲ 12@150，y 方向 ⫲ 14@200；板的顶部配筋为：x 方向 ⫲ 18@100，y 方向 ⫲ 10@200。其他已知条件参见图 2-10 和图 2-11（本例题已知条件选自参考文献 [9]）。

试计算双柱基础 DJ_j02 的钢筋量。

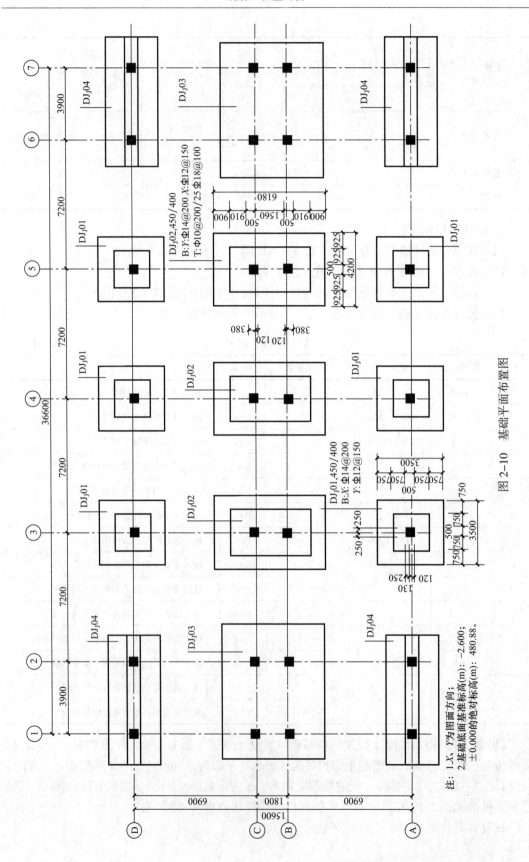

图 2-10　基础平面布置图

注：1. X、Y 为图面方向；
2. 基础底面基准标高(m)：-2.600；
±0.000 的绝对标高(m)：480.88。

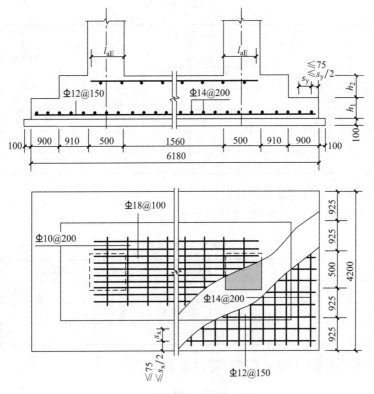

图 2-11 【例题 2-7】附图

【解】

1. 手工计算

（1）底板底部 x 方向钢筋长度 x_0 和根数 n_x

【例题 2-7】附表   表 2-19

计算公式	$x_0 = x - 2c$				
	$n_x = [y - \min(s_x/2, 75) \times 2] \div s_x + 1$				
基底尺寸、条件判别	$x = 6180$	起步距离		钢筋长度	根数
		$s_x/2$			
	$y = 4200$	75			
计算过程		$150/2 = 75$	取较小值		
		75	75		
长度算式	$x_0 = 6180 - 2 \times 40$			6100	
根数算式	$n_x = (4200 - 75 \times 2) \div 150 + 1$				28

（2）底板底部 y 方向钢筋长度 y_0 和根数 n_y

【例题 2-7】附表   表 2-20

计算公式	$y_0 = y - 2c$
	$n_y = [x - \min(s_y/2, 75) \times 2] \div s_y + 1$

续表

基底尺寸、 条件判别	$x=6180$	起步距离		钢筋长度	根数
		$s_y/2$			
	$y=4200$	75			
计算过程		$200/2=100$	取较小值 75		
		75			
长度算式		$y_0=4200-2\times40$		4120	
根数算式		$n_y=(6180-75\times2)\div200+1=31.15$			32

（3）底板顶部 x 方向钢筋长度和根数

1）上部受力钢筋 $\Phi18@100$ 长度计算（表 2-21）

【例题 2-7】附表　　　　表 2-21

计算方法	x 方向钢筋长度＝柱间净跨＋左右锚固长度				
计算内容	净　跨	$l_{aE}=\alpha f_y \zeta_{aE} d/f_t$		钢筋长度	根数
计算过程	1560	$0.14\times300\times1.15\times18/1.43=608$			
算式		$1560+2\times608$		2776	25

2）上部分布钢筋 $\Phi10@200$ 长度计算（表 2-22）

【例题 2-7】附表　　　　表 2-22

计算方法	y 方向钢筋长度 $y_0=(n-1)\times s_x+100$				
	y 方向钢筋根数 $n_y=x_0\div s_y+1$				
计算内容	x 方向钢筋间距	y 方向钢筋间距		钢筋长度	根数
计算过程	100	200			
算式		$y_0=(25-1)\times100+100$		2500	
		$n_y=2776\div200+1=14.87$			15

2. 按计算器程序计算

（1）按 AC/ON 键打开计算器，按 MENU 键，进入主菜单界面；

（2）按字母 B 键或数字 9 键，进入程序菜单；

（3）首先，找到计算底板底部钢筋量的程序名：SHZHUJ-1，按 EXE 键进行计算；然后，再找到计算底板顶部钢筋量的程序名 SHZHUJ-2 计算；

（4）按屏幕提示进行操作（表 2-23），最后，得出计算结果。

【例题 2-7】附表（底板底部钢筋计算）　　　　表 2-23

序号	屏幕显示	输入数据	计算结果	单位	说　明
1	$G=?$	2，EXE		—	输入钢筋类别，HRB335 输入数字 2
2	$x=?$	6180，EXE		mm	输入基础底面 x 方向尺寸
3	$y=?$	4200，EXE		mm	输入基础底面 y 方向尺寸
4	$c=?$	40，EXE		mm	输入底板混凝土保护层厚度

续表

序号	屏幕显示	输入数据	计算结果	单位	说　　明
5	$d_x=?$	12，EXE		mm	输入底板 x 方向钢筋直径
6	$s_x=?$	150，EXE		mm	输入底板 x 方向钢筋间距
7	$d_y=?$	14，EXE		mm	输入底板 y 方向钢筋直径
8	$s_y=?$	200，EXE		mm	输入底板 y 方向钢筋间距
9	$x_0=?$		6100，EXE	mm	输出底板沿 x 方向钢筋下料长度
10	$y_0=?$		4120，EXE	mm	输出底板沿 y 方向钢筋下料长度
11	n_x		28，EXE	—	输出底板底部 x 方向钢筋根数
12	n_y		31.15，EXE	—	输出底板底部 y 方向钢筋根数，取 32 根

【例题 2-7】附表（底板顶部钢筋计算）　　　　　　　表 2-24

序号	屏幕显示	输入数据	计算结果	单位	说　　明
1	$d_x=?$	18，EXE		mm	输入底板顶部 x 方向钢筋直径
2	$I_a=?$	2，EXE		—	输入钢筋类别，HRB355 输入数字 2
3	$J=?$	2		—	输入结构抗震等级
4	$C=?$	30，EXE		—	输入混凝土强度等级
5	$G=?$	2，EXE		—	输入钢筋强度级别
6	l_{ab}		528.7，EXE	mm	输出受拉钢筋基本锚固长度
7	l_{aE}		608，EXE	mm	输出纵向受拉钢筋抗震锚固长度
8	$l_n=?$	1560，EXE		mm	输入柱间净距
9	x_0'		2776，EXE	mm	输出底板顶部 x 方向受力钢筋下料长度
10	$s_x'=?$	100，EXE		mm	输入底板顶部 x 方向受力钢筋间距
11	$s_y'=?$	200，EXE		mm	输入底板顶部 y 方向分布钢筋间距
12	$n_x'=?$	25，EXE		—	输入底板顶部 x 方向受力钢筋根数
13	b_0		2400，EXE	mm	输出底板顶部 x 方向受力钢筋分布宽度计算值
14	y_0''		2500，EXE	mm	输出底板顶部 y 方向分布钢筋下料长度（为便于施工将钢筋加长 100mm）
15	n_y'		14.87	—	输出底板顶部 y 方向钢筋根数，取整：15 根

2.2　柱下交叉条形基础钢筋量计算

2.2.1　柱下交叉条形基础底板配筋构造

1. 柱下交叉条形基础底板配筋构造见图 2-12。

2. 柱下交叉条形基础在交汇区部位，包括十字交接（图 2-12a）、丁字交接（图 2-12b）和两向均设有纵向延伸的转角交接（图 2-12c）等部位，对于较宽（设其宽度为 b）基础的受力钢筋应按设计要求，通过交汇区铺设。而另一方向基础的受力钢筋则按 $\frac{1}{4}b$ 的长度铺设至交汇区为止。

3. 当条形基础设有肋梁时，基础底板的分布钢筋在梁宽范围内不设置。在两向受力钢筋交接处的网状部位，分布钢筋与同向受力钢筋的构造搭接长度为 150mm（图 2-12d）。

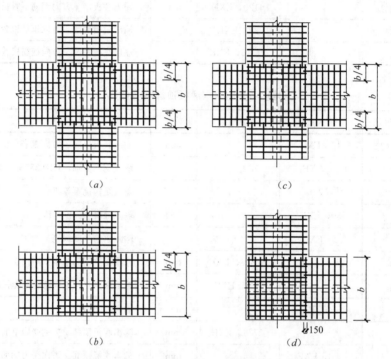

图 2-12　柱下交叉条形基础底板配筋构造
(a) 十字交接；(b) 丁字交接；(c) 转角均有纵向延伸；(d) 转角无纵向延伸

2.2.2　计算实例

【例题 2-8】柱下交叉条形基础如图 2-13 所示。这种基础由底板和梁两部分组成。由图中可见，本例基础按其截面尺寸和配筋不同，可分为四种类型：纵向基础，轴Ⓐ、Ⓓ为一类，其底板编号为 TJB_P01；轴Ⓑ、Ⓒ双柱条形基础为一类，其底板编号为 TJB_P02；横向基础：轴②—⑥基础为一类，其底板编号为 TJB_P03，轴①、⑦基础为一类，其底板编号为 TJB_P04。混凝土强度等级采用 C20，混凝土保护层 $c=40mm$。其他条件参见图 2-13、图 2-14（本例题已知条件选自参考文献 [9]）。

试计算基础底板钢筋工程量。

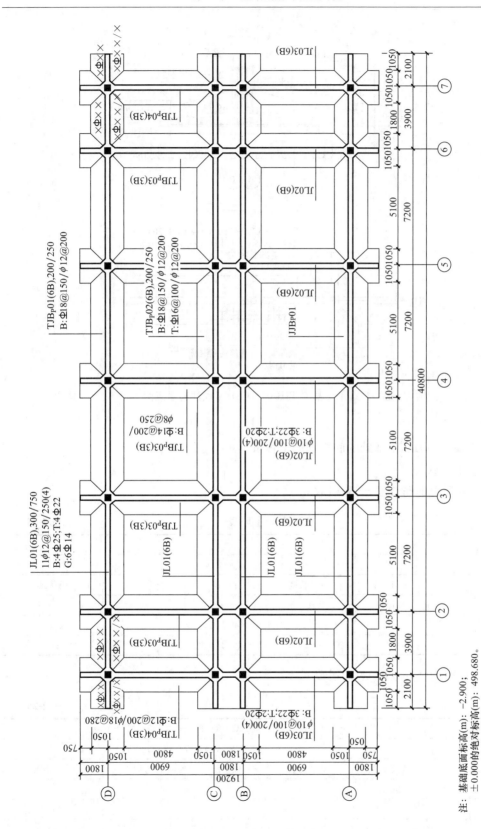

图2-13　条形基础平面注写示意图

注：基础底面标高(m)：-2.900；
±0.000的绝对标高(m)：498.680。

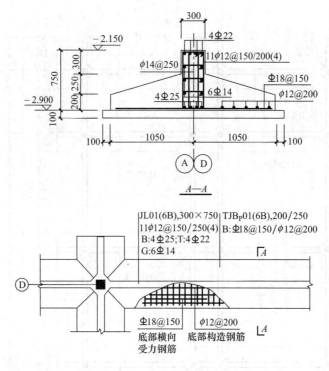

图 2-14　条形基础 TJB_P01（6B）平面注写示意图

【解】

1. 计算编号 TJB_P01 基础的底板钢筋工程量

（1）手工计算

x 方向的受力钢筋长度 x_0 和根数 n_x

【例题 2-8】附表　　　　　　　　　　　　　　　　表 2-25

计算公式	$x_0 = x - 2c$				
	$n_x = (y - 2c) \div s_x + 1$				
已知条件	基础宽度	基础长度	保护层	弯钩	计算结果
	2100	40800	40	—	
计算过程	$x_0 = 2100 - 2 \times 40$				2020
	$n_x = (40800 - 2 \times 40) \div 150 + 1 = 272.4$（取整）				273

y 方向的受力钢筋长度 y_0 和根数 n_y

表 2-26

计算公式	$y_0 = y - 2c$				
	$n_{y1} = 0.5(x - 2c - b_0) \div s_y$，$n_y = 2n_{y1}$				
已知条件	基础宽度	基础长度	保护层	弯钩	计算结果
	2100	40800	40	—	
计算过程	$y_0 = 40800 - 2 \times 40$				40720
	$n_{y1} = 0.5 \times (2100 - 2 \times 40 - 300) \div 200 = 4.30$（取整 $=5$），$n_y = 2 \times 5$				10

（2）按程序计算

1）按 AC/ON 键打开计算器，按 MENU 键，进入主菜单界面；

2）按字母 B 键或数字 9 键，进入程序菜单；

3）找到计算柱下交叉条形基础底板钢筋量的计算程序名：TJBp01，按 EXE 键；

4）按屏幕提示进行操作（表 2-27），最后，得出计算结果。

表 2-27

【例题 2-8】附表

一	屏幕显示	输入数据	计算结果	单位	说　　明
1	$x=?$	2100，EXE		mm	输入基础底面宽度
2	$y=?$	40800，EXE		mm	输入Ⓐ、Ⓑ轴间基础净跨
3	$c=?$	40，EXE		mm	输入混凝土底板保护层厚度
4	$s_x=?$	150，EXE		mm	输入底板受力钢筋间距
5	$s_y=?$	200，EXE		mm	输入底板分布钢筋间距
6	$b_0=?$	300，EXE		mm	输入基础梁肋的宽度
7	x_0		2020，EXE	mm	输出底板受力钢筋下料长度
8	n_x		272.5，EXE	—	输出底板受力钢筋根数计算值,
9	$n_x=?$		273，EXE	—	输出底板受力钢筋选用根数
10	y_0		40720，EXE	mm	输出底板分布钢筋下料长度
11	n_{y1}		4.30，EXE	—	输出底板肋梁一侧分布钢筋根数计算值
12	n_{y1}	5，EXE		—	输出底板肋梁一侧分布钢筋选用根数[①]
13	n_y		10	—	输出底板分布钢筋总根数

[①] 这 5 根分布筋在基础外缘混凝土保护层内侧至基础梁最近纵筋中心范围内均匀布，间距 182mm＜200mm。

2. 计算编号 TJBp02 基础的底板钢筋工程量

（1）按手工计算

1）基础底部 x 方向受力钢筋长度 x_0 和根数 n_x

表 2-28

【例题 2-8】附表

计算公式	$x_0=x-2c$				
	$n_x=(y-2c)\div s_x+1$（取整）				
已知条件	基础宽度 x	基础长度 y	保护层 c	钢筋间距 s_x	计算结果
	3900	40800	40	150	
计算过程	$x_0=3900-2\times40$				3820
	$n_x=(40800-2\times40)\div150+1=272.4$（取整）				273

2）基础底部 y 方向分布钢筋长度 y_0 和根数 n_y

表 2-29

【例题 2-8】附表

计算公式	$y_0=y-2c$
	$n_{y1}=(a-c-0.5b_0)\div s_y$，$n_{y2}=[(0.5b-a-0.5b_0)\times2]\div v-1$，$n_y=2n_{y1}+n_{y2}$

续表

已知条件	基础宽度 x	基础长度 y	保护层 c	钢筋间距 s_y	计算结果
	3900	40800	40	200	
计算过程	\multicolumn 5				

已知条件	基础宽度 x	基础长度 y	保护层 c	钢筋间距 s_y	计算结果
	3900	40800	40	200	
计算过程	$y_0 = 40800 - 2 \times 40$				40720
	$n_{y1} = (1050 - 40 - 0.5 \times 300) \div 200 = 4.30$（取整 = 5）， $n_{y2} = [(0.5 \times 3900 - 1050 - 0.5 \times 300) \times 2] \div 200 - 1 = 6.50$（取整 = 7）， $n_y = 2 \times 5 + 7 = 17$				17

注：表中 n_{y1}、n_{y2} 分别为底板底部肋梁一侧和两肋梁间的分布钢筋根数。

3）基础顶部 x 方向受力钢筋长度 x_0' 和根数 n_x'

【例题 2-8】附表
表 2-30

计算公式	$x_0' = x - 2(a + 0.5b_0) + 2l_{aE}$，$l_{aE} = 44d$				
	$n_x' = (y - 2c) \div s_2 + 1$（取整）				
已知条件	基础宽度	基础长度	保护层	钢筋间距 s_x	计算结果
	3900	40800	20	100	
计算过程	$x_0' = 3900 - 2(1050 + 0.5 \times 300) + 2 \times 44 \times 16$				2908
	$n_x = (40800 - 2 \times 20) \div 100 + 1 = 408.6$（取整）				409

4）基础顶部 y 方向的分布钢筋长度 y_0' 和根数 n_y'

【例题 2-8】附表
表 2-31

计算公式	$y_0' = y - 2c'$				
	$n_{y1}' = a' \div s_y'$，$y_2' = [y - 2(a + 0.5b_0)] \div s_y' - 1$，$n_y' = 2n_{y1}' + n_{y2}'$				
已知条件	基础宽度	基础长度	保护层	钢筋间距 s_y	计算结果
	3900	40800	20	200	
计算过程	$y_0' = 40800 - 2 \times 20$				40760
	$n_{y1}' = 402 \div 200 = 2.01$（取整 = 2）， $n_{y2}' = [3900 - 2 \times (1050 + 0.5 \times 300)] \div 200 - 1 = 6.50$（取整 = 7）， $n_y' = 2 \times 2 + 7 = 11$				11

注：表中 n_{y1}'、n_{y2}' 分别为底板顶部梁一侧和两梁间的分布钢筋根数；a' 为底板顶部受力钢筋锚固长度伸出基础梁外侧的长度，其值等于 $\zeta_{aE}\alpha f_y d / f_t - b_0 = 1.15 \times 0.14 \times 300 \times 16 / 1.10 - 300 = 402$mm。

（2）按程序计算

1）按 AC/ON 键打开计算器，按 MENU 键，进入主菜单界面；

2）按字母 B 键或数字 9 键，进入程序菜单；

3）找到计算柱下交叉条形基础底板钢筋量的计算程序名：TJBp02，按 EXE 键；

4）按屏幕提示进行操作（表 2-32），最后，得出计算结果。

【例题 2-8】附表
表 2-32

序号	屏幕显示	输入数据	计算结果	单位	说　　明
1	$x = ?$	3900，EXE		mm	输入基础底面宽度
2	$y = ?$	40800，EXE		mm	输入基础总长度

续表

序号	屏幕显示	输入数据	计算结果	单位	说　明
3	$c=?$	40，EXE		mm	输入混凝土底板底部钢筋保护层厚度
4	$t=?$	20，EXE		mm	输入混凝土底板顶部钢筋保护层厚度
5	$a=?$	1050，EXE		—	基础底板自轴线算起的外伸长度
6	$s_x=?$	150，EXE		mm	输入底板底部受力钢筋间距
7	$s_y=?$	200，EXE		mm	输入底板底部分布钢筋间距
8	$s'_x=?$	100，EXE		mm	输入底板顶部受力钢筋间距
9	$s'_y=?$	200，EXE		mm	输入底板顶部分布钢筋间距
10	$b_0=?$	300，EXE		mm	输入基础梁肋宽度
11	x_0		3820，EXE	mm	输出底板底部受力钢筋下料长度
12	n_x		272.5，EXE	—	输出底板底部受力钢筋根数计算值
13	$n_x=?$	273，EXE		—	输入底板底部受力钢筋选用的根数
14	y_0		40720，EXE	mm	输出底板底部分布钢筋下料长度
15	n_{y1}		4.30，EXE	—	输出底板底部分布钢筋根数计算值
16	$n_{y1}=?$	5，EXE		—	输入底板底部一侧分布钢筋选用的根数
17	n_{y2}		6.50，EXE	—	输出底板底部分布钢筋根数计算值
18	n_{y2}	7，EXE		—	输入底板底部中央分布钢筋选用的根数
19	$n_y=?$		17，EXE	—	输出底板底部分布钢筋总根数
20	$I_a=?$	2，EXE		—	输入底板顶部受力钢筋级别
21	α		0.14，EXE	—	输出锚固钢筋外形系数
22	$J=?$	2，EXE		—	输入结构抗震等级
23	ζ_{aE}		1.15，EXE	—	输出纵向受拉钢筋抗震锚固长度修正系数
24	$C=?$	20，EXE		—	输入混凝土强度等级
25	$G=?$	2，EXE		—	输入底板顶部受力钢筋类别
26	$d=?$	16，EXE		mm	输入底板顶部受力钢筋直径
27	l_{aE}		702.5，EXE	mm	输出纵向受拉钢筋锚固长度
28	x'_0		2905，EXE	mm	输出底板顶部受力钢筋下料长度
29	n'_x		408.6，EXE	—	输出底板顶部受力钢筋根数计算值
30	n'_x	409，EXE		—	输出底板顶部受力钢筋根数选用值
31	y'_0		40760，EXE	mm	输出底板顶部分布钢筋下料长度
32	a'		402.55，EXE		输出底板顶部受力钢筋锚固长度伸出基础梁外侧的长度
33	n'_{y1}		2，01，EXE	—	输出底板顶部受力筋锚固长度伸出基础梁外侧长度范围内分布钢筋根数计算值
34	n'_{y1}	2，EXE		—	输出底板顶部受力筋锚固长度伸出基础梁外侧长度范围内分布钢筋根数选用值
35	n'_{y2}		6.50，EXE	—	输出底板顶部基础梁间分布钢筋根数计算值
36	n'_{y2}	7.0，EXE		—	输出底板顶部基础梁间分布钢筋根数选用值
37	n'_y		11，EXE	—	输出底板顶部分布钢筋总根数

3. 计算编号 TJB_p03 基础的底板钢筋工程量

（1）手工计算

1）x 方向的受力钢筋长度和根数

【例题 2-8】附表　　　　表 2-33

计算公式	$x_0 = b② - 2c$				
	$n_{x1} = (a_0 - c + (b① \div 4)) \div s_x + 1$（取整）， $n_{x2} = (L_1 + (b① \div 4) + (b⑧© \div 4)) \div s_x + 1)$（取整）， $n_x = (n_{x1} + n_{x2}) \times 2$				
已知条件	基础宽度	基础长度	保护层	钢筋间距 s_x	计算结果
	2100	19200	40	200	
计算过程	$x_0 = 2100 - 2 \times 40$				2020
	$n_{x1} = [750 - 40 + (2100 \div 4)] \div 200 + 1 = 7.18$（取整 8）， $n_{x2} = [4800 + (2100 \div 4) + (3900 \div 4)] \div 200 + 1 = 32.50$， $n_x = (8 + 33) \times 2 = 82$				82

2）y 方向分布钢筋长度和根数

【例题 2-8】附表　　　　表 2-34

计算公式	$y_0 = y - 2c$				
	$n_{y1} = (0.5b② - c - 0.5b_0) \div s_y$，$n_y = n_{y1} \times 2$				
已知条件	基础宽度	基础长度	保护层	钢筋间距 s_y	计算结果
	2100	19200	40	250	
计算过程	$y_0 = 19200 - 2 \times 40$				19120
	$n_{y1} = (0.5 \times 2100 - 40 - 0.5 \times 300) \div 250 = 3.44$（取整 4）， $n_y = 2n_{y1} = 2 \times 4 = 8$				8

（2）按程序计算

1）按 AC/ON 键打开计算器，按 MENU 键，进入主菜单界面；

2）按字母 B 键或数字 9 键，进入程序菜单；

3）找到计算柱下交叉条形基础底板钢筋量的计算程序名：TJBp03，按 EXE 键；

4）按屏幕提示进行操作（见表 2-35），最后，得出计算结果。

【例题 2-8】附表　　　　表 2-35

序号	屏幕显示	输入数据	计算结果	单位	说　　明
1	$b② = ?$	2100，EXE		mm	输入②基础底面宽度
2	$b①$	2100		mm	输入①轴基础底面宽度
3	$b©⑧$	3900		mm	输入©⑧轴基础底面宽度
4	$y = ?$	19200，EXE		mm	输入基础总长
5	$L_1 = ?$	4800，EXE		mm	输入ⒶⒷ轴间基础净距

序号	屏幕显示	输入数据	计算结果	单位	说　明
6	$c=?$	40，EXE		mm	输入混凝土底板保护层厚度
7	$s_x=?$	200，EXE		mm	输入底板受力钢筋间距
8	$s_y=?$	250，EXE		mm	输入底板分布钢筋间距
9	$a_0=?$	750，EXE		mm	输入基础外伸长度
10	$b_0=?$	300，EXE		mm	输入基础梁肋的宽度
11	x_0		2020，EXE	mm	输出底板受力钢筋下料长度
12	n_{x1}		7.18，EXE	—	输出底板受力钢筋根数计算值
13	$n_{x1}=?$	8，EXE		—	输出底板受力钢筋选用根数
14	n_{x2}		32.5，EXE	—	输出底板受力钢筋根数计算值
15	$n_{x2}=?$	33，EXE		—	输出底板受力钢筋选用根数
16	n_x		82，EXE	—	输出底板受力钢筋总根数
17	y_0		19120，EXE	—	输出底板分布钢筋下料长度
18	n_{y1}		3.44EXE	—	输出底板分布钢筋根数计算值
19	$n_{y1}=?$	4，EXE		—	输出底板分布钢筋选用根数
20	n_y		8	—	输出底板分布钢筋总根数

4. 计算编号 TJB_P-04 基础的底板钢筋工程量

（1）手工计算

1）x 方向的受力钢筋长度 x_0 和根数 n_x

【例题 2-8】附表　　　　　　　　　　　　　　　　表 2-36

计算公式	$x_0=b①-2c$				
	$n_{x1}=(a_0-c+(b①÷4))÷s_x+1$（取整）， $n_{x2}=(L_1+(b①÷4)+(b⑧Ⓒ÷4))÷s_x+1)$（取整）， $n_x=(n_{x1}+n_{x2})×2$				
已知条件	基础宽度	基础长度	保护层	钢筋间距 s_x	计算结果
	2100	19200	40	200	
计算过程	$x_0=2100-2×40$				2020
	$n_{x1}=((750-40+(2100÷4))÷200+1=7.18$（取整 8）， $n_{x2}=[4800+(2100÷4)+(3900÷4)]÷200+1=32.50$， $n_x=(8+33)×2=82$				82

2）y 方向分布钢筋长度 y_0 和根数 n_y

【例题 2-8】附表　　　　　　　　　　　　　　　　表 2-37

计算公式	$y_0=y-2c$				
	$n_{y1}=(0.5b①-c-0.5b_0)÷s_y$，$n_y=n_{y1}×2$				
已知条件	基础宽度	基础长度	保护层	钢筋间距 s_x	计算结果
	2100	19200	40	200	

续表

计算过程	$y_0 = 19200 - 2 \times 40$	19120
	$n_{y1} = (0.5 \times 2100 - 40 - 0.5 \times 300) \div 200 = 4.30$（取整＝5），$n_y = 2n_{y1} = 2 \times 5 = 10$	10

（2）按程序计算

1）按 AC/ON 键打开计算器，按 MENU 键，进入主菜单界面；

2）按字母 B 键或数字 9 键，进入程序菜单；

3）找到计算柱下交叉条形基础钢筋量的计算程序名：TJBp04，按 EXE 键；

4）按屏幕提示进行操作（表2-38），最后，得出计算结果。

【例题 2-8】附表   表 2-38

序号	屏幕显示	输入数据	计算结果	单位	说　明
1	$b_1 = ?$	2100，EXE		mm	输入①基础底面宽度
2	$b①$	2100		mm	输入①轴基础底面宽度
3	$b©®$	3900		mm	输入©®轴基础底面宽度
4	$y = ?$	19200，EXE		mm	输入基础总宽
5	$L_1 = ?$	4800，EXE		mm	输入Ⓐ®轴间基础净距
6	$c = ?$	40，EXE		mm	输入混凝土底板保护层厚度
7	$s_x = ?$	200，EXE		mm	输入底板受力钢筋间距
8	$s_y = ?$	250，EXE		mm	输入底板分布钢筋间距
9	$a_0 = ?$	750，EXE		mm	输入基础外伸长度
10	$b_0 = ?$	300，EXE		mm	输入基础梁肋的宽度
11	x_0		2020，EXE	mm	输出底板受力钢筋下料长度
12	n_{x1}		7.37，EXE	—	输出底板受力钢筋根数计算值
13	$n_{x1} = ?$	8，EXE		—	输出底板受力钢筋选用根数
14	n_{x2}		32.5，EXE	—	输出底板受力钢筋根数计算值
15	$n_{x2} = ?$	33，EXE		—	输出底板受力钢筋选用根数
16	n_x		82，EXE	—	输出底板受力钢筋总根数
17	y_0		19120，EXE	—	输出底板分布钢筋下料长度
18	n_{y1}		4.30，EXE	—	输出底板分布钢筋根数计算值
19	$n_{y1} = ?$	5，EXE		—	输出底板分布钢筋选用根数
20	— n_y		10	—	输出底板分布钢筋总根数

2.3　计 算 程 序

2.3.1　独立基础钢筋量的计算

程序名：［DJGJ］（适用于单柱）

"G"?→J：

```
"x"?→L:
"y"?→B:
"c"?→C:
"dx"?→D:"dy"?→R:
"Sx"?→S:"Sy"?→Z:
If J = 1 AndL≤2500:Then
"x0":L - 2C + 6. 25D × 2→r ◢
"y0":B - 2C + 6. 25R × 2→θ ◢
Else Goto 1:
If End
Prog"ZZZ"
"OK1"
"STOP":Stop
Lbl 1:
If J = 2 And L≤2500:Then
"x0":L - 2C→<r> ◢
"y0":B - 2C→θ ◢
Else Goto 2:
If End
Prog"ZZZ"
"OK2"
Lbl 2:
If J = 1 And B>2500:Then
"x0":L × 0. 9 + 6. 25 × D × 2→r ◢
"y0":B × 0. 9 + 6. 25 × R × 2 - →θ ◢
"x0'":L - 2C + 6. 25D × 2 ◢
"y0'":B - 2C + 6. 25R × 2 ◢
Else Goto 3:
If End
Prog"YY":
"OK3"
Lbl 3:
If J = 2 And B>2500:Then
"x0":L * 0. 9→r ◢
"Y0":B × 0. 9→Theta ◢
"x0'":L - 2C→r ◢
"y0'":B - 2C→θ ◢
Else Goto 4:
If End
Prog"YY":
"OK4"
Lbl 4:
If J = 1:Then Goto 6:Else Goto 7:
```

```
If End
Lbl 6:
IfL≥2500 And B<2500:Then
"x0":L×0.9+6.25×D×2→r ◢
"y0":B-2C+6.25R×2→θ ◢
"x0′":L-2C+6.25×D×2→r ◢
If End
If(S÷2)<75:Then
"nx":(B-(Z÷2)×2-2Z)÷Z+1→N ◢
"ny":(L-(S÷2)×2)÷S+1→M ◢
Else
"nx":(B-75×2-2Z)÷Z+1→N ◢
"ny":(L-75×2)÷S+1→M ◢
"nx′":2 ◢
If End
"OK5"
Lbl 7:
If J=2:Then Goto 8:
If End
Lbl 8:
If L≥2500 And B<2500:Then
"x0":L×0.9→r ◢
"y0":B-2C→θ ◢
"x0′":L-2C→r ◢
If End
If(S÷2)<75:Then
"nx":(B-(Z÷2)×2-2Z)÷Z+1→N ◢
"ny":(L-(S÷2)×2)÷S+1→M ◢
Else
"nx":(B-75×2-2Z)÷Z+1→N ◢
"ny":(L-75×2)÷S+1→M ◢
"nx′":2 ◢
```

(1) 子程序名：[ZZZ]

```
If(Z÷2)≤75 And(S÷2)≤75:Then
"nx":(B-(Z÷2)×2)÷Z+1→M ◢
"ny":(L-(S÷2)×2)÷S+1→N ◢
"OK1"
Else If(Z÷2)>75 And(S÷2)>75:Then
"nx":(B-75×2)÷Z+1→M ◢
"ny":(L-75×2)÷S+1→N ◢
"OK2"
Else If(Z÷2)<75 And(S÷2)>75:Then
"nx":(B-(Z÷2)×2)÷Z+1→M ◢
```

"ny":(L-75×2)÷S+1→N ▲

"OK3"

Else If(Z÷2)>75 And(S÷2)<75:Then

"nx"(B-75×2)÷Z+1→M ▲

"ny":(L-(S÷2)×2)÷S+1→N ▲

"OK4"

If End:If End:

If End:If End:

Return

（2）子程序名：［YY］

If(Z÷2)≤75 And(S÷2)≤75:Then

"nx":(B-(Z÷2)×2)÷Z-1→M ▲

"ny":(L-(S÷2)×2)÷S-1→N ▲

"OK1"

Else If(Z÷2)>75 And(S÷2)>75:Then

"nx":(B-75×2)÷Z-1→M ▲

"nx":(L-75×2)÷S-1→M ▲

"ny′":2" ▲

ny′":2 ▲

"OK2"

Else If(Z÷2)<75 And(S÷2)>75:Then

"nx":(B-(Z÷2)×2)÷Z-1→M ▲

"ny":(L-75×2)÷S-1→N ▲

"OK3"

Else If(Z÷2)>75 And(S÷2)<75:Then

"nx"(B-75×2)÷Z+1→M ▲

"ny":(L-(S÷2)×2)÷S+1→N ▲

"OK4"

If End:If End:If End:If End:

Return:

2.3.2　双柱普通独立基础底板钢筋量计算

1. 程序名：［SHZHUGJ～1］（适用于双柱普通独立基础底板下部钢筋量计算）

"G"?→J:

"x"?→L

"y"?→B:

"c"?→C:

"dx"?→D:

"dy"?→R:

"Sx"?→Z:

"Sy"?→S:

If J=1:Then:.

"x0":L－2C＋6.25D×2→r ◢

"y0":B－2C＋6.25R×2→θ ◢

Else Goto 1:

Prog"ZZZ":

"OK1":

Lbl 1:

If J＝2:Then

"x0":L－2C→r ◢

"y0":B－2C→θ ◢

If End:

Prog"ZZZ":

"OK2":

2.程序名:[SHZHUGJ~2](适用于双柱普通独立基础底板顶部钢筋量计算)

"dx"?→D:

Prog"M":

Prog"C20":

Prog"G":

"lab":θ(Y/<r>)×D→List 1[1] ◢

"laE":List 1[3]×List 1[1]→List 1[4] ◢

"ln"?→L:

"x0′":L＋2＊List 1[4]→L ◢

"sx′"?→S:

"sy′"?→Z:

"nx′"?→N:

"b0":(N－1)×S→V ◢

"y0′":V＋100 ◢

"ny′":L÷Z＋1

(1)子程序名[M](确定锚固钢筋外形系数 α 和钢筋抗震锚固长度修正系数 ζ_{aE})

"I"?→I

If I＝1:Then

"α":0.16→θ ◢

Else If I＝2:Then

"α":0.14→θTheta ◢

If End

If End

"J"?→J

If J＝1 Or J＝2:Then

"ζ_{aE}":1.15→List 1[3] ◢

Else If J＝3:Then

"ζ_{aE}":1.05→List 1[3] ◢

Else If J＝4:Then

"ζ_{aE}":1.00→List 1[3] ◢

If End:

If End:

If End:

Return

（2）子程序"G"｛确定钢筋抗拉强度设计值 f_y｝

"G"?→G

If G = 1:Then " f_y = ":270→Y:

Else If G = 2:Then" f_y ":300→Y:

"Es = ":2 * 10^5→I

Else If G = 3:Then:" f_y ":360→Y:

"Es":2 * 10^5→I

Else If G = 4Then:" f_y = ":435→Y

If End::If End:

If End:If End:

Return

（3）子程序名"C20"｛确定混凝土抗拉强度设计值 f_t｝

"C"? - >C

If C = 20:Then f_t = ":1. 10→<r>:

Else If C = 25:Then" f_t = ":1. 27→<r>:

"Ec = "c:2. 8 * 10^4→E:

Else If C = 30:Then f_t = ":1. 43→<r>:

"Ec = ":3 * 10^4→E

Else If C = 35:Then" f_t = ":1. 57→<r>:

Ec = ":3. 15 * 10^4→E

Else If C = 40:Then f_t = ":1. 71→<r>:

"Ec = ":3. 25 * 10^4→E

Else If C = 45:Then f_t = ":1. 8→<r>:

"Ec = ":3. 35 * 10^4→E

Else If C = 50:Then" f_t = ":1. 89→<r>":

If End:If End:

If End:If End:

If End:If End

Return

2.3.3　柱下交叉条形基础钢筋量计算

1. 程序名：[TJBp01]（本程序适用于沿基础横向单柱，受力钢筋沿纵向连续布置）

"x"?→B:

"y"?→L:

"c"?→C:

"s_x"?→S:

"s_y"?→V:

"b0"?→W:

"x_{01}":B - 2C→List 1[1]◢

"n_{x1}":$(L-2C) \div S+1 \rightarrow$List $1[2]$◢

"n_{x1}"?$\rightarrow$List $1[2]$◢

"y_{02}":$L-2C \rightarrow$List $1[3]$◢

"n_{y2}":$(0.5B-C-0.5 \times W) \div V \rightarrow$List $1[4]$◢

"n_{y2}"?$\rightarrow$List $1[4]$◢

"n_{y2}":List $1[4] \times 2 \rightarrow$List $1[5]$◢

2. 程序名" TJBp02'" 本程序适用于沿基础横向双柱，受力钢筋沿纵向连续布置

"x"?$\rightarrow$Z:

"y"?$\rightarrow$L:

"c"?$\rightarrow$C:

"t"?$\rightarrow$T:

"a"?$\rightarrow$A:

"s_x"?$\rightarrow$S:

"s_y"?$\rightarrow$V:

"s_x'"?$\rightarrow$U:

"s_y'"?$\rightarrow$H:

"b0"?$\rightarrow$W:

"x0":$Z-2C \rightarrow$List $1[5]$◢

"nx":$(L-2C) \div S+1 \rightarrow$List $1[6]$◢

"nx"?$\rightarrow$List $1[6]$◢

"y0":$L-2C \rightarrow$List $1[7]$◢

"ny1":$(A-C-0.5W) \div V \rightarrow$List $2[4]$◢

"ny1"?$\rightarrow$List $2[4]$◢

"ny2":$((0.5Z-A-0.5W) \times 2) \div V-1 \rightarrow$List $1[8]$◢

"ny2"?$\rightarrow$List $1[8]$◢

"ny":$2 *$List $2[4]+$List $1[8] \rightarrow$List $1[9]$◢

Prog"M"

Prog"C20"

Prog"G"

"d"?$\rightarrow$D

"lab":Theta$(Y \div <r>) \times D \rightarrow$List $1[1]$◢

"laE":List $1[3] *$List $1[1] \rightarrow$List $1[4]$◢

"x0'":$Z-2(A+0.5W)+2$List $1[4] \rightarrow$List $1[7]$◢

"nx'":$(L-C*2) \div U+1 \rightarrow$List $1[9]$◢

"nx'":?$\rightarrow$List $1[9]$◢

"y0'":$L-2C \rightarrow$List $1[7]$◢

"a'":$($List $1[4]-W) \rightarrow$List $2[1]$◢

"ny1''":List $2[1] \div V \rightarrow$List $2[2]$◢

"ny1'"?$\rightarrow$List $2[2]$

"ny2'":$(Z-2(A+0.5W)) \div H-1 \rightarrow$List $2[3]$◢

"ny2''"?$\rightarrow$List $2[3]$

"ny'":$2 *$List $2[2]+$List $2[3] \rightarrow$◢

"OK"

3. 程序名：[TJBp03]、[TJBp04]（本程序适用于沿基础横向单柱，受力钢筋沿纵向分段布置）

"b2"?→B:	（输入②轴基础底板宽度）
"b D"?→List 2[1]:	（输入①轴基础底板宽度）
"b C B"?→List 2[2]:	（输入Ⓑ、Ⓒ轴基础底板宽度）
"y"?→L:	（输入基础底板长度）
"L1"?→Y:	（输入基础底板Ⓒ - ①轴间净长度）
"c"?→C:	（输入基础底板混凝土保护层厚度）
"S$_x$"?→S:	（输入基础底板受力钢筋间距）
"S$_y$"?→V:	（输入基础底板分布钢筋间距）
"a0"?→A:	（编号为 TJBp01 的基础外伸净宽度）
"b0"?→W:	（输入基础梁肋部宽度）
"x0":B - 2C→List 1[20]	（输出基础底板受力钢筋下料长度）
"nx1":(A - C + List 2[1] ÷ 4) ÷ S + 1→List 3[1]◢	
"nx1"?→List 3[1]◢	
"nx2":((Y + (List 2[1] ÷ 4) + (List 2[2] ÷ 4)) ÷ S + 1→List 3[2]◢	（输出基础底板受力钢筋根数）
"nx2"?→List 3[2]◢	
"nx":(List 3[1] + List 3[2]) × 2→List 3[3]◢	
"y$_0$":L - 2C - →List 1[22]◢	（输出基础底板分布钢筋下料长度）
"ny1":(0.5B - C - 0.5W) ÷ V→List 1[23]◢	（输出基础底板分布钢筋计算根数）
"ny1"?→List 1[23]◢	（输入基础底板分布钢筋选用根数）
"ny":List 1[23] × 2→List 1[24]◢	（输出基础底板分布钢筋总数）

第3章 框架梁钢筋工程量的计算

3.1 框架梁纵向钢筋抗震构造措施

3.1.1 框架楼层梁 KL 纵向钢筋抗震构造

框架楼层梁 KL 纵向钢筋抗震构造见图 3-1。

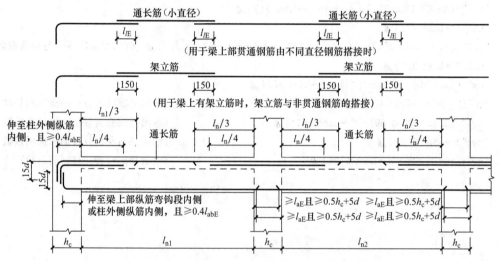

图 3-1 抗震设计时框架楼层梁 KL 纵向钢筋构造

（注：图中 l_n 为左跨、右跨之较大值）

1. 纵向钢筋锚固

（1）梁端支座锚固长度

根据《混凝土结构设计规范》GB 50010—2010 规定，纵向受力钢筋抗震锚固长度可按式计算：

$$l_{aE} = \zeta_{aE} l_{ab}$$

$$l_{ab} = \alpha \frac{f_y}{f_t} d$$

式中 ζ_{aE}——纵向受力钢筋抗震锚固长度修正系数；对一、二级抗震等级取 1.15，对三级抗震等级取 1.05，对四级抗震等级取 1.00；

l_{ab}——受力钢筋的基本锚固长度；

α——锚固钢筋的外形系数，光圆钢筋取 0.16，带肋钢筋取 0.14；

f_y——钢筋抗拉强度设计值；

f_t——混凝土轴心抗拉强度设计值；

d——钢筋直径。

当 $h_c-c{\geqslant}l_{aE}$，且 ${\geqslant}0.5h_c+5d$，纵向受力钢筋可采用直锚。锚固长度取 $\max(l_{aE}$，$0.5h_c+5d)$；当 $h_c-c<l_{aE}$，且 ${\geqslant}0.4l_{aE}$ 时，纵向受力钢筋须采用弯锚，钢筋垂直段长度取 $15d$。h_c 为柱截面沿框架平面方向的边长；c 为柱混凝土保护层厚度。参见图 3-1。

（2）中间支座锚固长度

若梁的下部钢筋为非贯通钢筋，宜在中间支座锚固。其锚固长度为 ${\geqslant}l_{aE}$ 且 ${\geqslant}0.5h_c+5d$。参见图 3-1。

3.1.2　框架屋面梁 WKL 纵向钢筋抗震措施

框架屋面梁 WKL 纵向钢筋抗震构造除边柱节点外，其他构造与楼层梁 KL 的相同。框架屋面梁边柱节点的构造与柱的配筋情况有关，我们将在第 4 章加以叙述。

3.2　框架梁钢筋下料长度和根数计算公式

3.2.1　框架梁纵向钢筋下料长度

1. 单跨梁纵向钢筋长度

上部通长钢筋长度：

$$x_{0s} = l_n + l_{aEl} + l_{aEr} \tag{3-1}$$

下部通长钢筋长度：

$$x_{0x} = l_n + l_{aEl} + l_{aEr} \tag{3-2}$$

式中　x_{0s}——梁的上部钢筋下料长度；

x_{0x}——梁的下部钢筋下料长度；

l_n——梁的净跨；

l_{aEl}——受力纵筋在梁的左支座锚固长度；

l_{aEr}——受力纵筋在梁的右支座锚固长度。

2. 多跨梁纵向钢筋下料长度

上部通长钢筋长度：

$$x_{0s}=\sum l_0-0.5a_1-0.5a_n+l_{aEl}+l_{aEr} \tag{3-3}$$

下部通长钢筋长度：

$$x_{0x}=\sum l_0-0.5a_1-0.5a_n+l_{aEl}+l_{aEr} \tag{3-4}$$

式中　$\sum l_0$——多跨梁各轴跨之和；

a_1、a_n——第 1、第 n 支座宽度。

其余符号意义同前。

3.2.2　梁端箍筋加密长度、箍筋最大间距和最小直径和弯钩长度

1. 梁端箍筋加密长度 l_a、箍筋最大间距和最小直径应按表 3-1 采用，当梁端纵向受拉钢筋配筋率大于 2% 时，表中箍筋最小直径应增大 2mm。

表 3-1

梁端箍筋加密长度、箍筋最大间距和最小直径

抗震等级	加密长度（mm） （采用较大值）	箍筋最大间距（mm） （采用最小值）	箍筋最小直径 （mm）	箍筋弯钩长度（mm） （采用较大值）
一	$2.0h_b$，500	$h_b/4$，$6d$，100	10	$10d$，75
二	$1.5h_b$，500	$h_b/4$，$8d$，100	8	$10d$，75
三	$1.5h_b$，500	$h_b/4$，$8d$，150	8	$10d$，75
四	$1.5h_b$，500	$h_b/4$，$8d$，150	8	$10d$，75

注：1. d 为纵向钢筋直径，h_b 为梁截面高度；
　　2. 箍筋直径大于 12mm、数量不少于 4 肢且肢距不大于 150mm 时，一、二级的最大间距应允许造当放宽，但不得大于 150mm。

2. 箍筋加密区根数

梁端一侧箍筋加密区的根数：

$$n_{k1} = (l_a - 50) \div s_{k1} + 1 \quad （取整）\tag{3-5}$$

非加密区的根数：

$$n_{k2} = (l_n - 2l_a) \div s_{k2} - 1 \quad （取整）\tag{3-6}$$

箍筋总根数为：

$$n_k = n_{k1} \times 2 + n_{k2}\tag{3-7}$$

式中　n_{k1}——梁端一侧箍筋加密区的根数；

　　　n_{k2}——非加密区的根数；

　　　n_k——箍筋总根数；

　　　l_a——加密区长度；

　　　l_n——梁的净跨；

　s_k、s_k'——加密区和非加密区箍筋间距。

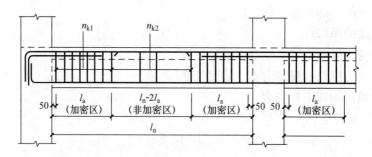

图 3-2　箍筋加密区、非加密区长度和根数

3. 箍筋下料长度

$$l_k = (b - 2c) \times 2 + (h - 2c) \times 2 + 2 \times \min(10d, 75mm)\text{❶}\tag{3-8}$$

式中　b——梁的宽度；

　　　c——保护层厚度；

---

❶ 式（3-8）中 1.9d 为 HPB300 级钢筋弯钩 135° 时的伸长值。

h——梁的高度；

d——箍筋直径。

3.3　计 算 实 例

【例题 3-1】　现浇钢筋混凝土框架楼层单跨梁，其编号为 KL1，轴跨 5700mm。框架抗震等级为一级，所在环境类别属于一类。混凝土保护层厚度为 20mm，混凝土强度等级采用 C30。两侧柱截面尺寸分别为 500mm×500mm 和 600mm×600mm。其他条件参见图 3-3。试计算该梁钢筋的工程量。

【解】

1. 按手工计算

由图 3-3 可见，梁的上、下各配有 4 ⏀ 16 的
HRB335 级钢筋。箍筋直径为 $\phi 10$，梁端加密区箍筋
间距为 $s_1 = 100$mm，非加密区间距为 $s_2 = 150$mm。
梁端加密区的长度为 max$(2h，500)$。

（1）计算纵向受力钢筋下料长度
梁的净跨

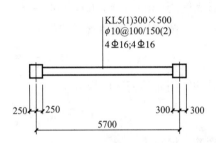

图 3-3　【例题 3-1】附图之一

$$l_n = l_0 - 250 - 300 = 5700 - 250 - 300 = 5150 \text{mm}$$

由式（1-9）算出钢筋抗震锚固长度

$$l_{aE} = \zeta_{aE} \times \alpha \frac{f_y}{f_t} d = 1.15 \times 0.14 \times \frac{300}{1.43} \times 16 = 540 \text{mm}$$

左端支座水平段可供锚固长度

$$l_l = h_c - c = 500 - 20 = 480 \text{mm} < l_{aE} = 540 \text{mm}$$

因此，左端支座须采用弯锚，弯折长度为 $15d = 15 \times 16 = 240$mm。

左端支座上部钢筋实际锚固长度

$$l_{aEl} = l_l + 15d = 480 + 240 = 720 \text{mm}$$

右端支座水平段可供锚固长度

$$l_r = h_c - c = 600 - 20 = 580 \text{mm} > l_{aE} = 540 \text{mm}，$$
$$\text{且} > 0.5h_c + 5d = 0.5 \times 600 - 5 \times 16 = 380 \text{mm}$$

因此，右支座可采用直锚。这时，上部钢筋实际锚固长度 $l_{aEr} = 540$mm。

上部钢筋下料长度为

$$l_s = 240 + 480 + 5150 + 540 = 6410 \text{mm}$$

其中，上部钢筋水平段长度为 6170mm，竖直段，即弯折长度为 240mm。

下部钢筋下料长度为

$$l_x = 240 + 439 + 5150 + 540 = 6369 \text{mm}$$

其中，下部钢筋水平段长度为 $6369 - 240 = 6129$mm。

应当指出，上部纵向钢筋下料长度算式中，左侧支座水平段锚固长度为 480mm，而下部纵向钢筋下料长度算式中，水平段锚固长度则变为 439mm，这是考虑到，下部钢筋水平段锚固长度缩短是为了避免和上部钢筋发生碰撞，其缩短长度应取上部纵向钢筋直径

加下部弯折钢筋之间的净距 25mm，等于是 $16+25=41$mm。

（2）计算箍筋工程量

箍筋长度

$$l_g = (b_b - 2c) \times 2 + (h_b - 2c) \times 2 + 1.9d \times 2 + (10d, 75) \times 2$$
$$= (300 - 2 \times 20) \times 2 + (500 - 2 \times 20) \times 2 + 1.9 \times 10 \times 2 + \max(10 \times 10, 75) \times 2$$
$$= 1678\text{mm}$$

箍筋根数：

结构抗震等级为一级，梁端箍筋加密区的长度为 $\max(2h_b, 75) = 2 \times 500 = 1000$mm，最大间距 $\min(h_b/4, 6d, 100) = 6 \times 16 = 96$mm，于是，箍筋根数

一侧梁端箍筋加密区的根数

$$n_{k1} = (l_a - 50) \div \frac{1}{s_{k1}} = (1000 - 50) \times \frac{1}{96} + 1 = 10.9, 取 \, n_1 = 11$$

梁的箍筋非加密区的根数

$$n_{k2} = (l_n - 2l_a) \times \frac{1}{s_{k2}} = (5150 - 2 \times 1000) \times \frac{1}{150} - 1 = 20$$

箍筋总根数为

$$n_k = n_{k1} \times 2 + n_{k2} = 11 \times 2 + 20 = 42 \, 根$$

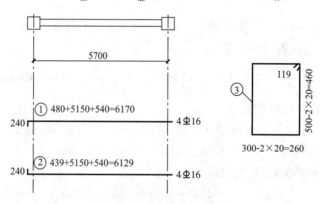

图 3-4 【例题 3-1】附图之二

2. 按计算器程序计算

（1）纵筋工程量计算

1）按 AC/ON 键打开计算器，按 MENU 键，进入主菜单界面；

2）按字母 B 键或数字 9 键，进入程序菜单；

3）找到计算单跨梁纵筋工程量的计算程序名：[LL11]，按 EXE 键；

4）按屏幕提示进行操作（表 3-2），最后，得出计算结果。

【例题 3-1】附表（计算纵筋量）   表 3-2

序号	屏幕显示	输入数据	计算结果	单位	说　明
1	$l_0 = ?$	5700，EXE		mm	输入梁的轴跨
2	$a_l = ?$	250，EXE		mm	输入左柱沿梁长方向 1/2 截面尺寸
3	$a_r = ?$	300，EXE		mm	输入右柱沿梁长方向 1/2 截面尺寸

续表

序号	屏幕显示	输入数据	计算结果	单位	说　　明
4	$l_n=?$		5150，EXE	mm	输出梁的净跨
5	$I_a=?$	2，EXE		—	输入钢筋类型编号，肋形钢筋输入数字2
6	α		0.14，EXE		输出锚固钢筋外形系数
7	$J=?$	1，EXE			输入结构抗震等级
8	$\zeta_{aE}=?$		1.15，EXE	—	输出钢筋抗震锚固长度修正系数
9	$C=?$	30，EXE			输入混凝土强度等级
10	$G=?$	2，EXE		—	输入钢筋类别编号，HRB335级输入数字2
11	$LB=?$	1，EXE			输入结构环境类别，一类输入数字1
12	c		20，EXE	—	输出混凝土保护层厚度
13	$d=?$	16，EXE		mm	输入梁的上部纵向钢筋直径
14	l_{ab}		470，EXE	mm	输出受拉钢筋基本锚固长度
15	l_{aE}		540.4，EXE	mm	输出纵向受拉钢筋抗震锚固长度
16	l_{aEl}		720，EXE	mm	输出左端纵向受拉钢筋弯锚抗震锚固长度
17	l_{aEr}		540，EXE	mm	输出右端纵向受拉钢筋弯锚抗震锚固长度
18	$K=?$	1，EXE		—	输入梁的上部通长纵向钢筋代码，输入数字1
19	l_s		6410，EXE	mm	输出梁的上部纵向钢筋下料长度
20	$d=?$	16，EXE		mm	输入梁的下部纵向受拉钢筋直径
21	l_{ab}		470，EXE	mm	输出下部钢筋基本锚固长度
22	l_{aE}		540.4，EXE	mm	输出下部受拉钢筋抗震锚固长度
23	l_{aEl}		720，EXE	mm	输出下部钢筋伸入左柱抗震锚固长度（弯锚）
24	l_{aEr}		540，EXE	mm	输出下部钢筋伸入右柱抗震锚固长度（弯锚）
25	$K=?$	2，EXE		—	输入梁的下部通长纵向钢筋代码，输入数字2
26	l_x		6369，EXE	mm	输出梁的下部纵向钢筋下料长度
27	n_s	4，EXE		—	输入梁的上部纵向钢筋根数
28	n_x	4		—	输入梁的下部纵向钢筋根数

（2）箍筋工程量计算

1）按 AC/ON 键打开计算器，按 MENU 键，进入主菜单界面；

2）按字母 B 键或数字 9 键，进入程序菜单；

3）找到计算单跨梁箍筋的计算程序名：[GU2]，按 EXE 键；

4）按屏幕提示进行操作（表 3-3），最后，得出计算结果。

【例题 3-1】附表（计算箍筋量）　　　　　　　表 3-3

序号	屏幕显示	输入数据	计算结果	单位	说　　明
1	$h=?$	500，EXE		mm	输入梁的高度
2	$d=?$	16，EXE		mm	输入纵向受力钢筋直径
3	$J=?$	1，EXE		—	输入结构抗震等级

序号	屏幕显示	输入数据	计算结果	单位	说　明
4	$N=?$	3，EXE	—		输入确定梁端箍筋加密区间距条件的数量，规范给出 3 个条件，故输入 3
5	$A[I,J]=?$	A，EXE	—		输入这 3 个条件中的第 1 个代码 A
6	$A[I,J]=?$	B，EXE	—		输入这 3 个条件中的第 2 个代码 B
7	$A[I,J]=?$	C，EXE	—		输入这 3 个条件中的第 3 个代码 C
8	S_{min}		96EXE	mm	输出梁端箍筋加密区间距
9	$N=?$	2，EXE	—		输入确定梁端箍筋加密区长度条件的数量，规范给出 2 个条件，故输入 2
10	$A[I,J]=?$	A，EXE	—		输入这 2 个条件中的第 1 个代码 A
11	$A[I,J]=?$	B，EXE	—		输入这 2 个条件中的第 2 代码 B
12	A_{max}		1000，EXE	mm	输出梁端箍筋加密区长度
13	d_2	10，EXE		mm	输入箍筋直径
14	$N=?$	2，EXE	—		输入确定箍筋弯钩长度条件的数量，规范给出 2 个条件，故输入 2
15	$A[I,J]=?$	A，EXE	—		输入这 2 个条件中的第 1 个代码 A
16	$A[I,J]=?$	B，EXE	—		输入这 2 个条件中的第 2 个代码 B
17	GO_{max}		119，EXE	mm	输出箍筋弯钩长度
18	b	300，EXE		mm	输入梁的宽度
19	c	20，EXE		mm	输入梁的混凝土保护层厚度
20	b_0		260，EXE	mm	输出箍筋宽度
21	h_0		460，EXE	mm	输出箍筋宽度
22	l_g		1678，EXE	mm	输出单个箍筋下料长度
23	l_n	5150，EXE		mm	输入梁的净跨
24	s	150，EXE		mm	输入箍筋非加密区的间距
25	n_{k1}		10.9，EXE	—	输出梁的一端箍筋加密区根数计算值
26	$n_{k1}=?$	11，EXE		—	输出梁的一端箍筋加密区根数选用值
27	n_{k2}		20，EXE	—	输出梁的箍筋非加密区根数计算值
28	$n_{k2}=?$	20，EXE		—	输出梁的箍筋非加密区根数选用值
29	n_k		42，EXE	—	输出梁的箍筋总根数

框架梁 KL-1 上、下纵筋和箍筋按程序计算结果分别列于表 3-4 和表 3-5。

【例题 3-1】框架梁 KL1 上、下部通长钢筋下料长度　　　　　　　表 3-4

图号	梁号	钢筋号	钢筋级别	钢筋直径	图　形	长度	根数
结 3	L3-1	①	HRB335	Φ16	6170 ⌐——⌐ 240	6410	4
结 3	L3-1	②	HRB335	Φ16	240　　6129	6360	4

图号	梁号	直径	箍筋级别	加密区长度	加密间距	图　形	钩长	根数
结 3	L3-1	③ϕ10	HPB300	1000	96	260　钩长 119　460	1678	42

【例题 3-1】　框架梁 KL1 箍筋下料长度和根数　　　　表 3-5

【例题 3-2】　现浇钢筋混凝土框架楼层单跨梁，其编号为 KL-2，轴跨 $l_0 = 7200\text{mm}$。梁的截面尺寸 $b_b h_b = 300\text{mm} \times 550\text{mm}$。框架抗震等级为二级，所在环境类别属于一类，混凝土强度等级采用 C30，保护层厚度为 20mm。两侧柱截面尺寸相同，$b_c h_c = 650\text{mm} \times 650\text{mm}$。其他条件参见图 3-5（本例题已知条件选自参考文献 [10]）。

试计算该梁钢筋的工程量。

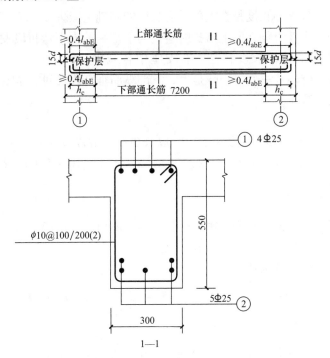

图 3-5　【例题 3-2】附图

【解】

1. 按手工计算

由图 3-5 可见，梁的上部配有 4Φ25 的 HRB335 级钢筋，下部配有 5Φ25 的 HRB335 钢筋。箍筋直径为 ϕ10，箍筋加密区间距为 100mm，非加密区间距为 200mm。梁端加密长度为 max(2h，500)。

（1）计算纵向受力钢筋长度

梁的净跨

$$l_n = l_0 - \frac{h_c}{2} - \frac{h_c}{2} = 7200 - 325 - 325 = 6550\text{mm}$$

由式（1-9）算出钢筋抗震锚固长度

$$l_{aE} = \zeta_{aE}\alpha\frac{f_y}{f_t}d = 1.15 \times 0.14 \times \frac{300}{1.43} \times 25 = 844\text{mm}$$

支座水平段可供锚固长度

$$l_l = h_c - c = 650 - 20 = 630\text{mm} < l_{aE} = 844\text{mm}$$

因此，支座须采用弯锚，弯折长度为 $15d = 15 \times 25 = 375\text{mm}$。

支座上部钢筋实际锚固长度：

$$l'_{aEl} = l_l + 15d = 630 + 375 = 1005\text{mm}$$

上部纵向钢筋下料长度为

$$l_s = l_n + 2 \times l'_{aEl} = 6550 + 2 \times 1005 = 8560\text{mm}$$

下部钢筋下料长度为

$$l_s = 6550 + 1005 - (25 + 25) + 1005 - (25 + 25) = 8460\text{mm}$$

由上式可见，下部纵筋长度是在上部纵筋长度的基础上减去 $2 \times (25 + 25) = 100\text{mm}$ 得到的。这是考虑到，下部纵筋在向上弯折时避免与上部纵筋向下弯折段发生碰撞而采取的措施。即将下部纵筋的锚固长度在左、右支座中各减少 $(25 + 25) = 50\text{mm}$，其中一个 25mm 是上部纵筋直径；另一个 25mm 是上、下部纵筋垂直段之间的净距。

（2）计算箍筋工程量

箍筋长度：

$$\begin{aligned}l_g &= (b_b - 2c) \times 2 + (h_b - 2c) \times 2 + 1.9d \times 2 + (10d, 75) \times 2\\ &= (300 - 2 \times 20) \times 2 + (650 - 2 \times 20) \times 2 + 1.9 \times 10 \times 2 + \max(10 \times 10, 75) \times 2\\ &= 1778\text{mm}\end{aligned}$$

箍筋根数：

结构抗震等级二级，梁端箍筋加密区的长度为 $\max(1.5h_b, 75) = 1.5 \times 550 = 825\text{mm}$，最大间距 $\min(h_b/4, 8d, 100) = 100\text{mm}$，于是，

一侧梁端箍筋加密区的根数

$$n_{k1} = (825 - 50)\frac{1}{100} + 1 = 8.75, \quad 取 \ n_{k1} = 9$$

梁的箍筋非加密区的根数

$$n_{k2} = (6550 - 2 \times 825) \times \frac{1}{200} - 1 = 23.5, \quad 取 \ n_{k2} = 24$$

箍筋总根数为

$$n_k = n_{k1} \times 2 + n_{k2} = 9 \times 2 + 24 = 42 \ 根$$

2．按编程计算器计算

（1）纵筋工程量计算

1）按 AC/ON 键打开计算器，按 MENU 键，进入主菜单界面；

2）按字母 B 键或数字 9 键，进入程序菜单；

3）找到计算单跨梁钢筋量的计算程序名：[LL11]，按 EXE 键；

4）按屏幕提示进行操作（表 3-6），最后，得出计算结果。

【例题 3-2】附表（计算纵筋量）　　　　　　　表 3-6

序号	屏幕显示	输入数据	计算结果	单位	说　　明
1	$l_0 = ?$	7200，EXE		mm	输入梁的轴跨
2	$a_l = ?$	325，EXE		mm	输入左柱沿梁长方向 1/2 截面尺寸
3	$a_r = ?$	325，EXE		mm	输入右柱沿梁长方向 1/2 截面尺寸
4	$l_n = ?$		6550，EXE	mm	输出梁的净跨
5	$I_a = ?$	2，EXE		—	输入钢筋类型编号，肋形钢筋输入数字 2
6	α		0.14，EXE	—	输出锚固钢筋外形系数
7	$J = ?$	2，EXE		—	输入结构抗震等级
8	$\zeta_{aE} = ?$		1.15，EXE	—	输出钢筋抗震锚固长度修正系数
9	$C = ?$	30，EXE		—	输入混凝土强度等级
10	$G = ?$	2，EXE		—	输入钢筋类别编号，HRB335 级输入数字 2
11	$LB = ?$	1，EXE		—	输入结构环境类别，一类输入数字 1
12	c		20，EXE		输出混凝土保护层厚度
13	$d = ?$	25，EXE		mm	输入梁的上部纵向受拉钢筋直径
14	l_{ab}		734.3，EXE	mm	输出受拉钢筋基本锚固长度
15	l_{aE}		844.4，EXE	mm	输出下部受拉钢筋抗震锚固长度
16	l'_{aEl}		1005，EXE	mm	输出纵向受拉钢筋伸入左柱抗震锚固长度
17	l'_{aEr}		1005，EXE	mm	输出纵向受拉钢筋伸入右柱抗震锚固长度
18	$K = ?$	1，EXE		—	输入梁的上部通长纵向钢筋代码，输入数字 1
19	l_s		8560	mm	输出梁的上部纵向钢筋下料长度
20	$d = ?$	25，EXE		mm	输入梁的下部纵向受拉钢筋直径
21	l_{ab}		734.3，EXE	mm	输出下部钢筋基本锚固长度
22	l_{aE}		844.4，EXE	mm	输出下部受拉钢筋抗震锚固长度
23	l'_{aEl}		1005，EXE	mm	输出下部钢筋伸入左柱抗震锚固长度
24	l'_{aEr}		1005，EXE	mm	输出下部受拉钢筋伸入右柱抗震锚固长度
25	$K = ?$	2，EXE		—	输入梁的下部通长钢筋代码，输入数字 2
26	l_x		8460	mm	输出梁的下部纵向钢筋下料长度
27	$n_s = ?$	4，EXE		—	输入梁的上部纵向钢筋根数
28	$n_x = ?$	6		—	输入梁的下部纵向钢筋根数

（2）箍筋工程量计算

1）按 AC/ON 键打开计算器，按 MENU 键，进入主菜单界面；

2）按字母 B 键或数字 9 键，进入程序菜单；

3）找到计算单跨梁箍筋的计算程序名：[GU2]，按 EXE 键；

4）按屏幕提示进行操作（表 3-7），最后，得出计算结果。

【例题 3-2】附表（计算箍筋量） 表 3-7

序号	屏幕显示	输入数据	计算结果	单位	说　　明
1	$h=?$	550，EXE		mm	输入梁的高度
2	$d=?$	25，EXE		mm	输入纵向受力钢筋直径
3	$J=?$	2，EXE		—	输入结构抗震等级
4	$N=?$	3，EXE		—	输入确定梁端箍筋加密区间距条件的数量，规范给出 3 个条件
5	$A[I，J]=?$	A，EXE		—	输入这 3 个条件第 1 代码 A
6	$A[I，J]=?$	B，EXE		—	输入这 3 个条件 2 第 2 代码 B
7	$A[I，J]=?$	C，EXE		—	输入这 3 个条件 2 第 3 代码 C
8	S_{min}		100，EXE	mm	输出梁端箍筋加密区间距
9	$N=?$	2，EXE		—	输入确定梁端箍筋加密区长度条件的数量，规范给出 2 个条件
10	$A[I，J]=?$	A，EXE		—	输入这 2 个条件第 1 代码 A
11	$A[I，J]=?$	B，EXE		—	输入这 2 个条件第 2 代码 B
12	A_{max}		825，EXE	mm	输出梁端箍筋加密区长度
13	d_2	10，EXE		mm	输出箍筋直径
14	$N=?$	2，EXE		—	输入确定箍筋弯钩长度条件的数量，规范给出 2 个条件
15	$A[I，J]=?$	A，EXE		—	输入这 2 个条件第 1 代码 A
16	$A[I，J]=?$	B，EXE		—	输入这 2 个条件第 2 代码 B
17	GO_{max}		119，EXE	mm	输出箍筋弯钩长度
18	b	300，EXE		mm	输入梁的宽度
19	c	20，EXE		mm	输入梁的混凝土保护层厚度
20	b_0		260，EXE	—	输出箍筋宽度
21	h_0		510，EXE	—	输出箍筋宽度
22	l_g		1778，EXE	mm	输出单个箍筋长度
23	l_n		6550，EXE	mm	输入梁的净跨
24	s_{k2}	200，EXE		mm	输入箍筋非加密区的间距
25	n_{k1}		8.75，EXE	—	输出梁的一端箍筋加密区根数计算值
26	$n_{k1}=?$	9，EXE		—	输出梁的一端箍筋加密区根数选用值
27	n_{k2}		23.5，EXE	—	输出梁的箍筋非加密区根数计算值
28	$n_{k2}=?$	24，EXE		—	输出梁的箍筋非加密区根数选用值
29	n_k		42		输出梁的箍筋总根数

框架梁 KL-2 上、下纵筋和箍筋按程序计算结果分别列于表 3-8 和表 3-9。

【例题 3-2】框架梁 KL2 上、下部通长钢筋下料长度　　　　表 3-8

图号	梁号	钢筋号	钢筋级别	钢筋直径	图　形	钩长	根数
结 3	L3-2	①	HRB335	Φ 16	7810 375　　　　375	8560	4
结 3	L3-2	②	HRB335	Φ 16	375　7710　　375	8460	4

【例题 3-2】框架梁 KL2 箍筋下料长度和根数统计表　　　　表 3-9

图号	梁号	直径	箍筋级别	加密区长度	加密间距	图　形	钩长	根数
结 4	L3-2	③ϕ10	HPB300	825	100	260 钩长 119 510	1778	42

【例题 3-3】　现浇钢筋混凝土框架楼层两跨梁，其编号为 KL3，截面尺寸 $bh = 300\text{mm} \times 600\text{mm}$，第 1 轴跨 $l_{01} = 6000\text{mm}$，第 2 轴跨 $l_{02} = 6600\text{mm}$。框架抗震等级为一级，所在环境类别属于一类，混凝土强度等级采用 C30。柱截面尺寸相同，$b_c h_c = 600\text{mm} \times 600\text{mm}$。其他条件参见图 3-6（本例题已知条件选自参考文献 ［8］）。

试计算该梁钢筋的工程量。

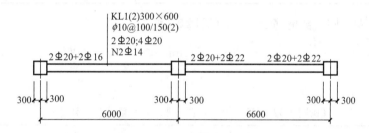

KL1(2)300×600
ϕ10@100/150(2)
2Φ20;4Φ20
N2Φ14

2Φ20+2Φ16　　　　2Φ20+2Φ22　　　　2Φ20+2Φ22

300　300　　　300　300　　　300　300

6000　　　　　　　　6600

图 3-6　【例题 3-3】附图之一

【解】

1. 按手工计算

由图 3-6 可见，梁的上部配有 2Φ20 的 HRB335 级贯通钢筋，第 1 跨左端配有 2Φ16 非贯通钢筋，伸入梁内长度为本跨净跨的 1/3，中间支座配有 2Φ22 非贯通钢筋，两边伸入梁内长度为相邻跨较大净跨的 1/3，右跨右端配有 2Φ22 非贯通钢筋，伸入梁内长度为本跨净跨的 1/3。梁的中部有 2Φ14 抗扭纵筋，每侧各布置 1 根。抗扭纵筋是受力钢筋，所以它的锚固长度与梁的上、下部受力纵筋相同。

梁的下部配有 4Φ20 的 HRB335 级贯通钢筋，两端锚入支座内。箍筋直径为 ϕ10，箍筋加密区间距为 100mm，非加密区间距为 150mm。梁端加密长度为 max(2h，500)。

（1）计算纵向受力钢筋长度

梁的净跨：

$$l_{n1} = l_{01} - 300 - 300 = 6000 - 300 - 300 = 5400\text{mm}$$

$$l_{n2} = l_{02} - 300 - 300 = 6600 - 300 - 300 = 6000\text{mm}$$

1/3 梁的净跨：

$$\frac{1}{3} \times l_{01} = \frac{1}{3} \times 5400 = 1800\text{mm}$$

$$\frac{1}{3} \times l_{02} = \frac{1}{3} \times 6000 = 2000\text{mm}$$

1）上部通长筋①2Φ20 的计算（表 3-10）

判断锚固形式

$$l_{aE} = 0.14 \times \frac{300}{1.43} \times 1.15 \times 20 = 676\text{mm} > h_c - c = 600 - 20 = 580\text{mm}$$

故应采用弯锚。

【例题 3-3】附表（上部通长钢筋①长度计算）　　　　　　表 3-10

计算方法	上部通长筋长度＝两端支座间净跨＋左右支座锚固长度			
计算内容	两端支座间净跨	左、右端支座锚固条件判断		钢筋长度	根数
		$0.4l_{aE}+15d$			
		左、右端支座宽－保护层＋弯折 $15d$			
计算过程	$6000+6600-300-300$ $=12000$	$0.4 \times 676 + 15 \times 20 = 570$	取较大值 880		
		$600 - 20 + 15 \times 20 = 880$			
算式	12000＋2×880			13760	2

2）第一跨左支座上部负筋②2Φ16 的计算（表 3-11）

$$l_{aE} = 0.14 \times \frac{300}{1.43} \times 1.15 \times 16 = 540\text{mm} < h_c - c = 600 - 20 = 580\text{mm}$$

故可采用直锚。

【例题 3-3】附表（第一跨左支座上部负筋②长度计算）　　　表 3-11

计算方法	上部左支座负筋长度＝净跨/3＋左支座锚固长度			
计算内容	净　跨	左支座锚固条件判断		钢筋长度	根数
		l_{aE}			
		$0.5h_c + 5d$			
计算过程	$6000 - 300 - 300 = 5400$	540	取较大值 540		
		$0.5 \times 600 + 5 \times 16 = 380$			
算式	5400/3＋540			2340	2

3）中间支座上部负筋③2Φ22 的计 8

$$\frac{1}{3} \times l_n = \frac{1}{3} \times (6600 - 2 \times 300) = 2000\text{mm}$$

$$长度 = 2 \times 2000 + 600 = 4600\text{mm}$$

4）第二跨右支座上部负筋④2Φ22 的计算（表 3-12）

$$l_{aE} = 0.14 \times \frac{300}{1.43} \times 1.15 \times 22 = 743\text{mm} > h_c - c = 600 - 20 = 580\text{mm}$$

故应采用弯锚。

【例题 3-3】附表（第二跨右支座上部负筋④长度计算） 表 3-12

计算方法	第二跨右支座上部负筋长度＝净跨/3＋右支座锚固长度				
计算内容	净 跨	右支座锚固条件判断		钢筋长度	根数
		$0.4l_{aE}+15d$			
		右支座宽－保护层＋弯折 $15d$			
计算过程	$6600-600=6000$	$0.4\times743+15\times22=627$	取较大值 910		
		$600-20+15\times22=910$			
算式	6000/3＋910			2910	2

5）中部通长筋⑤2Φ20 的计算（表 3-13）

判断锚固形式

$$l_{aE}=0.14\times\frac{300}{1.43}\times1.15\times14=473\text{mm}<h_c-c=600-20=580\text{mm}$$

故可采用直锚。

【例题 3-3】附表（中部受扭通长筋⑤长度计算） 表 3-13

计算方法	中部通筋长度＝净跨＋左、右支座锚固长度				
计算内容	净 跨	左、右支座锚固条件判断		钢筋长度	根数
		l_{aE}			
		$0.5h_c+5d$			
计算过程	$6000+6600-300-300$ $=12000$	473	取较大值 473		
		$0.5\times600+5\times14=370$			
算式	12000＋2×473			12946	2

6）下部通长筋⑥4Φ20 的计算（表 3-14）

判断锚固形式

$$l_{aE}=0.14\times\frac{300}{1.43}\times1.15\times20=676\text{mm}>h_c-c=600-20=580\text{mm}$$

故应采用弯锚。

【例题 3-3】附表（下部通长钢筋⑥长度计算） 表 3-14

计算方法	下部通筋长度＝净跨－d－25＋左右支座锚固长度				
计算内容	净 跨	左、右支座锚固条件判断		钢筋长度	根数
		$0.4l_{aE}+15d$			
		左、右支座宽－保护层－ $d-25+$弯折 $15d$			
计算过程	$6000+6600-300-300$ $=12000$	$0.4\times676+15\times20=570$	取较大值 830		
		$600-20-d-25+15\times20=835$			
算式	12000＋2×835			13670	4

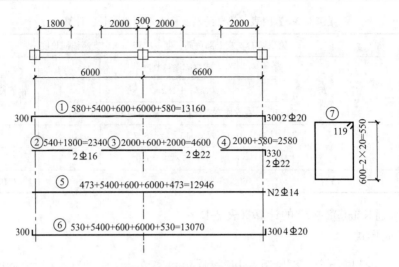

图 3-7 【例题 3-3】附图之二

2. 按编程计算器计算

（1）梁上、下部通长纵筋①、⑥长度的计算

1）按 AC/ON 键打开计算器，按 MENU 键，进入主菜单界面；

2）按字母 B 键或数字 9 键，进入程序菜单；

3）找到计算程序名：[LL12]，按 EXE 键（多跨梁内通长钢筋长度按单跨梁计算更方便些）；

4）按屏幕提示进行操作（见表 3-15），最后，得出计算结果。

【例题 3-3】附表（计算上、下部通长纵筋量）   表 3-15

序号	屏幕显示	输入数据	计算结果	单位	说　明
1	$l_0=?$	12600，EXE		mm	输入梁的两跨轴跨之和
2	$a_l=?$	300，EXE		mm	输入左柱沿梁长方向 1/2 截面尺寸
3	$a_r=?$	300，EXE		mm	输入右柱沿梁长方向 1/2 截面尺寸
4	$l_n=?$		12000，EXE	mm	输出第 1 跨左支座内侧至第 2 跨第 2 跨右支座内侧之间的距离
5	$I_a=?$	2，EXE		—	输入钢筋类型编号，肋形钢筋输入数字 2
6	α		0.14，EXE	—	输出锚固钢筋外形系数
7	$J=?$	1，EXE		—	输入结构抗震等级，一级输入数字 1
8	$\zeta_{aE}=?$		1.15，EXE	—	输出钢筋抗震锚固长度
9	$C=?$	30，EXE		—	输入混凝土强度等级
10	$G=?$	2，EXE		—	输入钢筋类别编号，HRB335 级输入数字 2
11	$h_{cl}=?$	600，EXE		mm	输入左柱沿梁长方向截面尺寸
12	$h_{cr}=?$	600，EXE		mm	输入右柱沿梁长方向截面尺寸
13	$LB=?$	1，EXE		—	输入结构环境类别，一类输入数字 1
14	c	20，EXE		mm	输入混凝土保护层厚度
15	$d=?$	20，EXE		mm	输入梁的上部通长纵向钢筋直径

续表

序号	屏幕显示	输入数据	计算结果	单位	说　明
16	l_{ab}		587.4，EXE	mm	输出受拉钢筋基本锚固长度
17	l_{aE}		676，EXE	mm	输出纵向受拉钢筋抗震锚固长度
18	l'_{aEl}		880，EXE	mm	输出纵向受拉钢筋伸入左柱抗震锚固长度（弯锚）
19	l'_{aEr}		880，EXE	mm	输出纵向受拉钢筋伸入右柱抗震锚固长度
20	$K=?$	1，EXE		—	输入梁的上部通长纵向钢筋代码，输入数字1
21	l_s		13760		输出梁上部纵向钢筋下料长度
22	$d=?$	20，EXE		mm	输入梁的下部纵向受拉钢筋直径
23	l_{ab}		587.4，EXE	mm	输出受拉钢筋基本锚固长度
24	l_{aE}		676，EXE	mm	输出纵向受拉钢筋抗震锚固长度
25	l'_{aEl}		880，EXE	mm	输出左柱纵向受拉钢筋抗震锚固长度（弯锚）
26	l'_{aEr}		880，EXE	mm	输出右柱纵向受拉钢筋抗震锚固长度（弯锚）
27	$K=?$	2，EXE		—	输入梁的下部通长纵向钢筋代码，输入数字2
28	l_x		13670	mm	输出梁的下部纵向钢筋下料长度
29	n_s	2，EXE		—	输入梁的上部纵向钢筋根数
30	n_x	4，EXE		—	输入梁的上部纵向钢筋根数

（2）梁的受扭通长纵筋⑤长度的计算

1）按 AC/ON 键打开计算器，按 MENU 键，进入主菜单界面；

2）按字母 B 键或数字 9 键，进入程序菜单；

3）找到计算程序名：[L1]，按 EXE 键；

4）按屏幕提示进行操作（见表 3-16），最后，得出计算结果。

【例题 3-3】附表（计算中部⑤号受扭通长纵筋量）　　　　表 3-16

序号	屏幕显示	输入数据	计算结果	单位	说　明
1	$l_0=?$	12600，EXE		mm	输入梁的两跨轴跨之和
2	$a_l=?$	300，EXE		mm	输入左柱沿梁长方向 1/2 截面尺寸
3	$a_r=?$	300，EXE		mm	输入右柱沿梁长方向 1/2 截面尺寸
4	$l_n=?$		12000，EXE	mm	输出第 1 跨左支座内侧至第 2 跨内侧之间的距离
5	$I_\alpha=?$	2，EXE		—	输入钢筋类型编号，肋形钢筋输入数字2
6	α		0.14，EXE	—	输出锚固钢筋外形系数
7	$J=?$	1，EXE		—	输入结构抗震等级
8	$\zeta_{aE}=?$		1.15，EXE	—	输出钢筋抗震锚固长度修正系数
9	$C=?$	30，EXE		—	输入混凝土强度等级
10	$G=?$	2，EXE		—	输入钢筋类别编号，HRB300 级输入数字2
11	$d=?$	14，EXE		mm	输入梁的纵向受拉钢筋直径
12	l_{ab}		411.2，EXE	mm	输出受拉钢筋基本锚固长度

序号	屏幕显示	输入数据	计算结果	单位	说　明
13	l_{aE}		472.9，EXE	mm	输出纵向受拉钢筋抗震锚固长度
14	$h_{cl}=?$		600，EXE	mm	输出左柱沿梁长方向截面尺寸
15	$h_{cr}=?$		600，EXE	mm	输出右柱沿梁长方向截面尺寸
16	$LB=?$	1，EXE		—	输入结构环境类别，一类输入数字1
17	c		20	mm	输出混凝土保护层厚度
18	l'_{aEl}		473，EXE	mm	输出左端纵向受拉钢筋抗震锚固长度
19	l'_{aEr}		473，EXE	mm	输出右端纵向受拉钢筋抗震锚固长度
20	l_T		12946	mm	输出梁的中部受扭纵筋下料长度

（3）梁上部非贯通钢筋②、③、④工程量计算

1）按 AC/ON 键打开计算器，按 MENU 键，进入主菜单界面；

2）按字母 B 键或数字 9 键，进入程序菜单；

3）找到计算程序名：［GG2］，按 EXE 键；

4）按屏幕提示进行操作（见表 3-17），最后，得出计算结果。

【例题 3-3】附表（计算支座负筋量）　　　　　　　　　　　　　　表 3-17

序号	屏幕显示	输入数据	计算结果	单位	说　　明
1	$l_1=?$	6000，EXE		mm	输入第1跨轴跨
2	$l_2=?$	6600，EXE		mm	输入第2跨轴跨
3	$h_a=?$	600，EXE		mm	输入第1支座宽度
4	$h_b=?$	600，EXE		mm	输入第2支座宽度
5	$h_c=?$	600，EXE		—	输入第3支座宽度
6	$C=?$	30，EXE		—	输入混凝土强度等级
7	$G=?$	2，EXE		—	输入钢筋类别编号，HRB300级输入数字2
8	$LB=?$	1，EXE		—	输入结构环境类别，一级输入数字1
9	$I_\alpha=?$	2，EXE		—	输入钢筋类型编号，肋形钢筋输入数字2
10	α		0.14，EXE	—	输出锚固钢筋外形系数
11	$J=?$	1，EXE		—	输入结构抗震等级
12	ζ_{aE}		1.15，EXE	—	输出钢筋抗震锚固长度修正系数
13	l_{n1}		5400，EXE	mm	输出第1跨净跨
14	l_{n2}		6000，EXE		输出第2跨净跨
15	$I_x=?$	1，EXE		—	输入计算参数（计算支座负筋，输入1）
16	l_{n1}		5400，EXE		输出第1跨净跨
17	N_x	1，EXE			输入循环变量
18	$A_{IJ}=?$	A，EXE		—	输入数据代码A
19	M		5400，EXE		输出第1跨净跨

续表

序号	屏幕显示	输入数据	计算结果	单位	说　明
20	l_n		1800，EXE	—	输出第 1 跨左支座钢筋伸入梁内长度
21	$I_x=?$	1，EXE		—	输入 A 支座编号 1
22	$d=?$	16，EXE		mm	输入梁的纵向受拉钢筋直径
23	l_{ab}		470，EXE	mm	输出基本锚固长度
24	l_{aE}		540.4，EXE	mm	输出第 1 跨左端锚固长度
25	l'_{aEl}		540.4，EXE	mm	输出第 1 跨左端锚固长度选用值
26	$I_x=?$	1，EXE		—	输入支座 A 编号 1
27	L_A		2340，EXE	mm	输出第 1 跨左端长度
28	$I_x=?$	2，EXE		—	输入 B 支座编号 2
29	l_{n1}		5400，EXE	mm	输出第 1 跨净跨
30	l_{n2}		6000，EXE	mm	输出第 2 跨净跨
31	N_x	2，EXE		—	输入 B 支座循环变量终值 $N_x=2$
32	$A_{IJ}=?$	A，EXE		—	输入数据代码 A
33	$A_{IJ}=?$	B，EXE		—	输入数据代码 B
34	M		6000，EXE	mm	输出第 1 跨净跨与第 2 跨净跨较大值
35	l_n		2000，EXE	mm	输出第 1 跨右支座钢筋伸入梁内长度
36	$I_x=?$	2，EXE		—	输入 B 支座编号 2
37	$d=?$	22，EXE		mm	输入梁的纵向受拉钢筋直径
38	l_{ab}		646，EXE	mm	输出基本锚固长度
39	l_{aE}		743，EXE	mm	输出第 1 跨左端锚固长度
40	$I_x=?$	2，EXE		—	输入 B 支座编号 2
41	LB		4600，EXE	—	输出第 1 跨与第 2 跨之间支座负筋长度
42	$I_x=?$	3，EXE		mm	输入 C 支座编号 3
43	l_{n2}		6000，EXE	mm	输出第 2 跨净跨
44	N_x	1，EXE		—	输入 C 支座循环变量终值 $N_x=1$
45	$A_{IJ}=?$	B，EXE		—	输入数据代码 A
46	M		6000，EXE	mm	输出第 2 跨净跨
47	l_n		2000，EXE	mm	输出第 1 跨左端伸入跨内的钢筋长度
48	$I_x=?$	3，EXE		—	输入 C 支座编号 3
49	$d=?$	22，EXE		mm	输入梁的纵向受拉钢筋直径
50	l_{ab}		646，EXE	mm	输出基本锚固长度
51	l_{aE}		743，EXE	mm	输出钢筋抗震锚固长度
52	l'_{aEr}		910，EXE	mm	输出右端纵向钢筋抗震锚固长度选用值
53	$I_x=?$	3，EXE		—	输入 C 支座编号 3
54	LC		2910	mm	输出第 2 跨右端钢筋下料长度

框架梁 KL-3 上、下部和中部钢筋下料长度和根数见表 3-18。

【例题 3-3】框架梁 KL3 上、下部和中部钢筋下料长度和根数 表 3-18

图号	梁号	筋号	钢筋级别	根数、直径	图　形	钩长	钢筋受力性质
结 3	KL3-2	①	HRB335	2Φ20	13160 300　　300	13760	上部纵筋（通长）
结 3	KL3-2	②	HRB335	2Φ16	2340	2340	支座负筋（非贯通）
结 3	KL3-2	③	HRB335	2Φ22	4600	4600	支座负筋（非贯通）
结 3	KL3-2	④	HRB335	2Φ22	2580 380	2910	支座负筋（非贯通）
结 3	KL3-2	⑤	HRB335	2Φ14	12946	12946	受扭纵筋（通长）
结 3	KL3-2	⑥	HRB335	4Φ22	300　13070　300	13670	下部纵筋（通长）

【例题 3-4】 现浇钢筋混凝土框架楼层三跨梁，其编号为 KL4，截面尺寸 $bh=300mm\times600mm$，第 1 轴跨 $l_{01}=6900mm$，第 2 轴跨 $l_{02}=3800mm$，第 3 轴跨 $l_{02}=7500mm$。框架抗震等级为二级，所在环境类别属于一类，混凝土强度等级采用 C30。柱截面尺寸相同，$b_c h_c=600mm\times600mm$。其他条件参见图 3-8（本例题已知条件选自参考文献 [8]）。

试计算该梁各种钢筋的工程量。

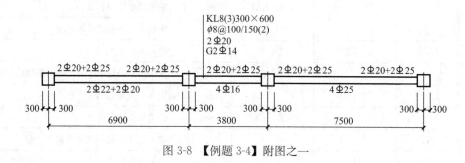

图 3-8 【例题 3-4】附图之一

【解】

1. 按手工计算

由图 3-8 可见，梁的配筋均为 HRB335 级钢筋。梁的上部仅配置一排钢筋：其中有：2Φ20 的通长钢筋；第 1 跨左端配有 2Φ25 非贯通的钢筋，伸入梁内的长度为该净跨的 1/3。中跨配有贯通该跨的 2Φ25 的钢筋，并伸入左、右邻跨，伸入长度分别为各跨净跨的 1/3。第 3 跨右端配有 2Φ25 的非贯通钢筋，伸入梁内的长度为该净跨的 1/3。

梁的中部部配有 2Φ14 的通长构造钢筋。伸入支座长度为 15d。

梁的下部也仅配置一排钢筋，它们均为非贯通钢筋。第 1 跨左端配有 2Φ22 和 2Φ20 钢筋，第 2 跨配有 4Φ16 钢筋，第 3 跨配有 4Φ25 钢筋，它们各伸至本跨左、右支座内锚固。

箍筋直径为 $\phi 8$，箍筋加密区间距为 100mm，非加密区间距为 150mm。梁端加密长度为 $\max(1.5h，500)$。

（1）计算纵向受力钢筋长度

梁的净跨：

$$l_{n1} = l_{01} - 300 - 300 = 6000 - 300 - 300 = 6300\text{mm}$$

$$l_{n2} = l_{02} - 300 - 300 = 3800 - 300 - 300 = 3200\text{mm}$$

$$l_{n3} = l_{03} - 300 - 300 = 7500 - 300 - 300 = 6900\text{mm}$$

$$\frac{1}{3}l_{n1} = \frac{1}{3} \times 6300 = 2100\text{mm} \qquad \frac{1}{3}l_{n3} = \frac{1}{3} \times 6900 = 2300\text{mm}$$

1）上部通长纵向钢筋①2⊈20 的计算（表 3-19）

判断锚固形式

$$l_{aE} = 0.14 \times \frac{300}{1.43} \times 1.15 \times 20 = 676\text{mm} > h_c - c = 600 - 20 = 580\text{mm}$$

故应采用弯锚。

【例题 3-4】附表（上部通长筋①长度计算）　　　　表 3-19

计算方法	上部通长筋长度＝两端支座间净跨＋左右支座锚固长度				
计算内容	净　　跨	左、右端支座锚固条件判断		钢筋长度	根数
		$0.4l_{aE}+15d$			
		左、右端支座宽－保护层＋弯折 $15d$			
计算过程	$6900+3800+7500-600$ $=17600$	$0.4\times676+15\times20=570$	取较大值 880		
		$600-20+15\times20=880$			
算式	$17600+2\times880$			19360	2

2）第 1 跨左支座上部负筋 2⊈25 的计算（表 3-20）

$$l_{aE} = 0.14 \times \frac{300}{1.43} \times 1.15 \times 25 = 844\text{mm} > h_c - c = 600 - 20 = 580\text{m}（弯锚）$$

【例题 3-4】附表（第 1 跨左支座上部负筋②长度计算）　　　　表 3-20

计算方法	第 1 跨左支座上部负筋长度＝净跨/3＋右支座锚固长度				
计算内容	净　　跨	左支座锚固条件判断		钢筋长度	根数
		$0.4l_{aE}+15d$			
		左支座宽－保护层＋弯折 $15d$			
计算过程	$6900-600=6300$	$0.4\times844+15\times25=713$	取较大值 955		
		$600-20+15\times25=955$			
算式	$6300/3+955$			3055	2

3）中间跨上部非贯通筋③2⊈25 的计算

$$长度 = 2100 + 3800 + 2300 + 600 = 8800\text{mm}$$

4）第 3 跨右支座上部负筋 2Φ25 的计算（表 3-21）

判断锚固形式

$$l_{aE} = 0.14 \times \frac{300}{1.43} \times 1.15 \times 25 = 844\text{mm} > h_c - c = 600 - 20 = 580\text{mm}$$

故应采用弯锚。

【例题 3-4】附表（第 3 跨右支座上部负筋④长度计算） 表 3-21

计算方法	上部第 2 跨左支座负筋长度＝净跨/3＋右支座锚固长度				
计算内容	净　跨	左支座锚固条件判断		钢筋长度	根数
		0.4l_{aE}＋15d			
		支座宽－保护层＋弯折 15d			
计算过程	7500－600＝6900	0.4×844＋15×25＝712	取较大值 955		
		600－20＋15×25＝955			
算式		6900/3＋955		3255	2

5）中部通长构造筋⑤2Φ14 的计算（表 3-22）

判断锚固形式

$$l_{aE} = 0.14 \times \frac{300}{1.43} \times 1.15 \times 14 = 473\text{mm} < h_c - c = 600 - 20 = 580\text{mm}$$

故应采用直锚。

【例题 3-4】附表（中部通长钢筋⑤长度计算） 表 3-22

计算方法	上部通筋长度＝净跨＋左右支座锚固长度				
计算内容	净　跨	左、右支座锚固条件判断		钢筋长度	根数
		—			
		15d			
计算过程	6900＋3800＋7500－300 －300＝17600	—	取较大值 210		
		15×14＝210			
算式		右 17600＋2×210		18020	2

6）第 1 跨下部纵筋⑥2Φ22 的计算（表 3-23）

判断左支座锚固形式

$$l_{aE} = 0.14 \times \frac{300}{1.43} \times 1.15 \times 22 = 743\text{mm} > h_c - c = 600 - 20 = 580\text{mm}$$

故应采用弯锚。

【例题 3-4】附表（第 1 跨下部左支座纵筋⑥长度计算） 表 3-23

计算方法	第 1 跨纵筋长度＝净跨＋左支座锚固长度＋伸入中间支座长度			
计算内容	净　距	左支座锚固判断	右支座锚固判断	长度	根数
		0.4l_{aE}＋15d	0.5h_c＋5d		
		支座宽－保护层＋弯折	l_{aE}		

计算过程	6900-600=6300	0.4×743+15×22=627	0.5×600+5×22=410		
		600-20+15×22=910	743		
	取较大值	910	743		
算式		6300+910+743		7953	2

7）第 1 跨下部纵筋⑦2 ⨂ 20 的计算（表 3-24）

判断左支座锚固形式

$$l_{aE} = 0.14 \times \frac{300}{1.43} \times 1.15 \times 20 = 676mm > h_c - c = 600 - 20 = 580mm$$

故应采用弯锚。

【例题 3-4】附表（第 1 跨下部纵筋⑦长度计算）　　　　　表 3-24

计算方法	第 1 跨纵筋长度=净跨+左支座锚固长度+伸入中间支座长度				
计算内容	净　距	左支座锚固条件判断	右支座锚固条件判断	长度	根数
		0.4l_{aE}+15d	0.5h_c+5d		
		支座宽-保护层+弯折	l_{aE}		
计算过程	6900-600=6300	0.4×676+15×20=570.4	0.5×600+5×20=400		
		600-20+15×20=880	676		
	取较大值	880	676		
算式		6300+880+676		7856	4

8）中间跨下部非贯通筋⑧4 ⨂ 16 的计算（表 3-25）

$$l_{aE} = 0.14 \times \frac{300}{1.43} \times 1.15 \times 16 = 540mm < h_c - c = 600 - 20 = 580mm$$

故可采用直锚。

中间跨下部钢筋⑧长度计算　　　　　表 3-25

计算方法	下部钢筋长度=净跨+支座锚固长度				
计算内容	净　跨	右支座锚固条件判断		钢筋长度	根数
		0.5h_c+5d			
		l_{aE}			
计算过程	3800-600=3200	0.5×600+5×16=380	取较大值		
		540	540		
算式		3200+2×540		4280	4

9）第 3 跨下部纵筋⑨4 ⨂ 25 的计算（表 3-26）

判断左支座锚固形式

$$l_{aE} = 0.14 \times \frac{300}{1.43} \times 1.15 \times 25 = 844mm > h_c - c = 600 - 20 = 580mm$$

故应采用弯锚。

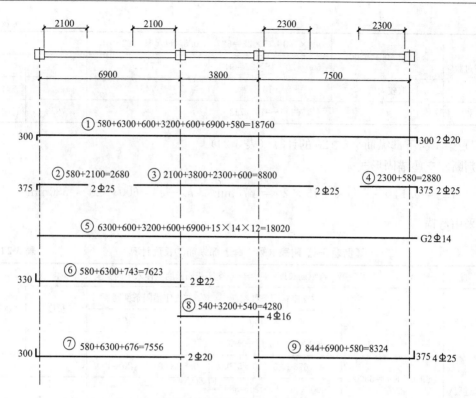

图 3-9 【例题 3-4】附图之二

【例题 3-4】附表（第 3 跨下部纵筋⑨长度计算） 表 3-26

计算方法	第 1 跨纵筋长度＝净跨＋左支座锚固长度＋伸入中间支座长度					
计算内容	净 距	左支座锚固条件判断	右支座锚固条件判断		长度	根数
		$0.5h_c+5d$	$0.4l_{aE}+15d$			
		l_{aE}	支座宽－保护层＋弯折			
计算过程	$7500-600=6900$	$0.5\times600+5\times25=425$	$0.4\times844+15\times25=712.6$			
		844	$600-20+15\times25=955$			
	取较大值	844	955			
算式		$6900+955+844$			8699	4

2. 按编程计算器计算

（1）梁上部通长纵筋①、长度的计算

1）按 AC/ON 键打开计算器，按 MENU 键，进入主菜单界面；

2）按字母 B 键或数字 9 键，进入程序菜单；

3）找到计算程序名：[LL12]，按 EXE 键（多跨梁内通长钢筋长度按单跨梁计算更方便些）；

4）按屏幕提示进行操作（见表 3-27），最后，得出计算结果。

【例题 3-4】附表（计算上部通长纵筋①量）　　　　表 3-27

序号	屏幕显示	输入数据	计算结果	单位	说　明
1	$l_0=?$	18200，EXE		mm	输入梁的 3 跨轴跨之和
2	$a_l=?$	300，EXE		mm	输入左柱沿梁长方向 1/2 截面尺寸
3	$a_r=?$	300，EXE		mm	输入右柱沿梁长方向 1/2 截面尺寸
4	$l_n=?$		17600，EXE	mm	输出第 1 跨左支座内侧至第 3 跨内侧之间的距离
5	$I_a=?$	2，EXE		—	输入钢筋类型编号，肋形钢筋输入数字 2
6	α		0.14，EXE	—	输出锚固钢筋外形系数
7	$J=?$	1，EXE		—	输入结构抗震等级
8	$\zeta_{aE}=?$		1.15，EXE	—	输出钢筋抗震锚固长度修正系数
9	$C=?$	30，EXE		—	输入混凝土强度等级
10	$G=?$	2，EXE		—	输入钢筋类别编号，HRB300 级输入数字 2
11	$h_{cl}=?$	600，EXE		mm	输入左柱沿梁长方向截面尺寸
12	$h_{cr}=?$	600，EXE		mm	输入右柱沿梁长方向截面尺寸
13	$LB=?$	1，EXE		—	输入结构环境类别，一类输入数字 1
14	c		20，EXE	—	输出混凝土保护层厚度
15	$d=?$	20，EXE		mm	输入梁的上部纵向钢筋直径
16	l_{ab}		587.4，EXE	mm	输出受拉钢筋基本锚固长度
17	l_{aE}		676，EXE	mm	输出纵向受拉钢筋抗震锚固长度
18	l_{aEl}'		880，EXE	mm	输出左柱纵向受拉钢筋抗震锚固长度（弯锚）
19	l_{aEr}'		880，EXE	mm	输出右柱纵向受拉钢筋抗震锚固长度（弯锚）
20	$K=?$	1，EXE		—	输入梁的上部通长纵向钢筋代码，输入数字 1
21	l_s		19360	mm	输出梁的上部纵向钢筋下料长度
22	n_s	2，EXE		—	输入梁的上部纵向钢筋根数

（2）梁上部②、③、④非贯通纵筋工程量计算

1）按 AC/ON 键打开计算器，按 MENU 键，进入主菜单界面；

2）按字母 B 键或数字 9 键，进入程序菜单；

3）找到计算程序名：[GG3-S]，按 EXE 键；

4）按屏幕提示进行操作（见表 3-28），最后，得出计算结果。

【例题 3-4】附表（计算纵筋量）　　　　表 3-28

序号	屏幕显示	输入数据	计算结果	单位	说　明
1	$l_1=?$	6900，EXE		mm	输入第 1 跨轴跨
2	$l_2=?$	3800，EXE		mm	输入第 2 跨轴跨
3	$l_3=?$	7500，EXE		mm	输入第 3 跨轴跨
4	$h_a=?$	600，EXE		mm	输入第 1 支座宽度
5	$h_b=?$	600，EXE		mm	输入第 2 支座宽度
6	$h_c=?$	600，EXE		mm	输入第 3 支座宽度

续表

序号	屏幕显示	输入数据	计算结果	单位	说　明
7	$h_d=?$	600，EXE		mm	输入第 4 支座宽度
8	$C=?$	30，EXE		—	输入混凝土强度等级
9	$G=?$	2，EXE		—	输入钢筋等级
10	LB	1，EXE		—	输入环境类别
11	c		20，EXE	mm	输出混凝土保护层厚度
12	$I_a=?$	2，EXE		—	输入钢筋类型编号，肋形钢筋输入数字 2
13	α		0.14，EXE	—	输出锚固钢筋外形系数
14	$J=?$	1，EXE		—	输入结构抗震等级
15	ζ_{aE}		1.15，EXE	—	输出钢筋抗震锚固长度修正系数
16	l_{n1}		6300，EXE	mm	输出第 1 跨净跨
17	l_{n2}		3200，EXE	mm	输出第 2 跨净跨
18	l_{n3}		6900，EXE	mm	输出第 3 跨净跨
19	$K=?$	2，EXE		—	输入计算参数，负筋通过中间两支座时输入 2
20	l_{BC}		8800，EXE		输出中跨负筋③下料长度
21	$I_z=?$	1，EXE		mm	输入控制变量
22	l_{n1}		6300，EXE	mm	输出第 1 跨净跨
23	$N=?$	1，EXE		—	输入控制变量终值
24	$A_{IJ}=?$	A，EXE		—	输入数据代码 A
25	M		6300，EXE	mm	输出第 1 跨净跨
26	l_n		2100，EXE	mm	输出第 1 跨左端伸入跨内的钢筋长度
27	$I_z=?$	1，EXE		—	输入 1 支座编号
28	$d=?$	25，EXE		mm	输入钢筋直径
29	l_{ab}		734 EXE	mm	输出基本锚固长度
30	l_{aE}		844 EXE	mm	输出抗震锚固长度
31	l'_{aEl}		955 EXE	mm	输出第 1 支座抗震锚固长度
32	$I_z=?$	1，EXE		—	输入计算参数　第 1 支座输入 1
33	l_A		3055，EXE	mm	第 1 跨左端负筋②下料长度
34	OK			—	计算完成
35	I_z	4，EXE		—	输入第 4 支座编号
36	l_{n3}		6900，EXE	mm	第 2 跨计算
37	$N=?$	1，EXE		—	输入第 4 支座控制变量终值
38	A_{IJ}	F，EXE		mm	输入数据代码 A
39	$M=?$		6900，EXE	mm	输出第 1 跨和第 2 跨中较大净跨值
40	l_n		2300，EXE	mm	输出伸入跨内的钢筋长度
41	$I_z=?$	4，EXE		—	输入控制变量
42	$d=?$	25，EXE		mm	输入钢筋直径

续表

序号	屏幕显示	输入数据	计算结果	单位	说　明
43	l_{ab}		734.3EXE	mm	输出基本锚固度度
44	l_{aE}		844.3EXE	mm	输出抗震锚固长度
45	l'_{aEr}		955，EXE	mm	输出第 4 支座抗震锚固长度
46	$I_z=?$	4，EXE		—	输入计算参数　第 4 支座输入 4
47	LD		3255，EXE	mm	输出第 4 支座负筋④下料长度

注：表中 I_z 表示支座编号，从左至右顺序为 1、2、3、4…

（3）梁的通长构造纵筋⑤长度的计算

1）按 AC/ON 键打开计算器，按 MENU 键，进入主菜单界面；

2）按字母 B 键或数字 9 键，进入程序菜单；

3）找到计算程序名：[L2]，按 EXE 键

4）按屏幕提示进行操作（见表 3-29），最后，得出计算结果。

【例题 3-4】附表（梁的通长构造纵筋⑤长度的计算）　　表 3-29

序号	屏幕显示	输入数据	计算结果	单位	说　明
1	$l_0=?$	18200，EXE		mm	输入梁的三跨轴跨之和
2	$a_l=?$	300，EXE		mm	输入左柱沿梁长方向 1/2 截面尺寸
3	$a_r=?$	300，EXE		mm	输入右柱沿梁长方向 1/2 截面尺寸
4	$l_n=?$		17600，EXE	mm	输出第 1 跨左支座内侧至第 3 跨内侧之间的距离
5	$d=?$	14，EXE		mm	输入梁的纵向构造钢筋直径
6	l_s		18020	mm	输出梁的上部纵向钢筋下料长度
7	n_s	2，EXE		—	输入梁的上部纵向钢筋根数

（4）梁下部⑥、⑦、⑧和⑨非贯通纵筋工程量计算

1）按 AC/ON 键打开计算器，按 MENU 键，进入主菜单界面；

2）按字母 B 键或数字 9 键，进入程序菜单；

3）找到计算程序名：[GG3～X]，按 EXE 键；

4）按屏幕提示进行操作（见表 3-30），最后，得出计算结果。

【例题 3-4】附表（计算纵筋量）　　表 3-30

序号	屏幕显示	输入数据	计算结果	单位	说　明
1	$l_1=?$	6900，EXE		mm	输入第 1 跨轴跨
2	$l_2=?$	3800，EXE		mm	输入第 2 跨轴跨
3	$l_3=?$	7500，EXE		mm	输入第 3 跨轴跨
4	$h_a=?$	600，EXE		mm	输入 1 支座宽度
5	$h_b=?$	600，EXE		mm	输入第 2 支座宽度
6	$h_c=?$	600，EXE		mm	输入第 3 支座宽度
7	$h_d=?$	600，EXE		mm	输入第 4 支座宽度

序号	屏幕显示	输入数据	计算结果	单位	说　明
8	$C=?$	30，EXE	—		输入混凝土强度
9	$G=?$	2，EXE		—	输入钢筋等级
10	$LB=?$	1，EXE		—	输入环境类别
11	c		20，EXE	mm	输入混凝土保护层厚度
12	$I_a=?$	2，EXE		—	输入钢筋类别，带肋钢筋输入2
13	α		0.14，EXE	—	输出系数
14	$J=?$	2，EXE		—	输入抗震等级
15	ζ_{aE}		1.15，EXE		输出抗震锚固长度修正系数
16	$I_x=?$	1，EXE		—	输入第1跨（AB跨）编号1
17	l_{n1}		6300，EXE	mm	输出第1跨净跨
18	$d=?$	22，EXE		mm	输入钢筋直径
19	l_{ab}		646，EXE	mm	输出基本锚固长度
20	l_{aE}		743，EXE	mm	输出抗震锚固长度
21	l'_{aEl}		910，EXE	mm	输出第1支座抗震锚固长度
22	l_{AB}		7953 EXE	mm	输出第1跨（AB跨）下部Φ22钢筋下料长度
23	$I_x=?$	1，EXE		—	输入第1跨（AB跨）编号
24	L_{n1}		6300 EXE	—	输出第1跨净跨
25	$d=?$	20，EXE		mm	输入钢筋Φ20直径
26	l_{ab}		587 EXE	mm	输出基本锚固度度
27	l_{aE}		675 EXE	mm	输出抗震锚固长度
28	l'_{aEl}		880 EXE	mm	输出第1支座抗震锚固长度
29	l'_{AB}		7856 EXE	mm	输出第1跨（AB跨）下部2Φ20钢筋下料长度
30	$I_x=?$	2，EXE		—	输入第2跨（BC跨）编号
31	L_{n2}		3200 EXE	mm	输出第2跨净跨
32	$d=?$	16，EXE		mm	输入钢筋直径
33	l_{ab}		469 EXE	mm	输出基本锚固长度
34	l_{aE}		540 EXE	mm	输出抗震锚固长度
35	l_{BC}		4280 EXE	mm	输出第2跨（BC跨）下部纵筋下料长度
36	$I_x=?$	3，EXE		—	输入第3跨（CD跨）编号
37	L_{n3}		6900 EXE	mm	输出第3跨净跨
38	$d=?$	25，EXE		mm	输入第3跨下部纵筋直径
39	l_{ab}		734 EXE	mm	输出基本锚固度度
40	l_{aE}		844 EXE	mm	输出第D支座抗震锚固长度
41	l'_{aEr}		955 EXE	mm	输出第D支座弯锚抗震锚固长度
42	l_{CD}		8699	mm	输出第3跨（CD）下部纵筋下料长度

注：表中 I_x 表示跨度编号，从左至右顺序为：1、2、3、4；支座编号，从左至右顺序为A、B、C、D。

框架梁 KL-4 上部纵筋、支座负筋、受扭纵筋和下部纵筋按程序计算结果列于表 3-31。

【例题 3-4】框架梁 KL4 上、下部和中部钢筋下料长度和根数　　　　表 3-31

图号	梁号	筋号	钢筋级别	根数、直径	图　形	钩长	钢筋受力性质
结 3	KL3-3	①	HRB335	2 Φ 20	18760 ⌐300　　　　300	19360	上部纵筋 （通长）
结 3	KL3-3	②	HRB335	2 Φ 25	2680 ⌐375	3055	支座负筋 （非贯通）
结 3	KL3-3	②	HRB335	2 Φ 25	8800	8800	支座负筋 （非贯通）
结 3	KL3-3	④	HRB335	2 Φ 25	2880 375⌐	3255	支座负筋 （非贯通）
结 3	KL3-3	⑤	HRB335	2 Φ 14	18020	18020	受扭纵筋 （通长）
结 3	KL3-3	⑥	HRB335	4 Φ 22	⌐330　　7623	7953	下部纵筋 （通长）
结 3	KL3-3	⑦	HRB335	4 Φ 20	⌐300　　7556	7856	下部纵筋 （非贯通）
结 3	KL3-3	⑧	HRB335	4 Φ 16	4280	4280	下部纵筋 （非贯通）
结 3	KL3-3	⑨	HRB335	2 Φ 25	8324　　　375⌐	8699	下部纵筋 （非贯通）

【例题 3-5】 现浇钢筋混凝土框架楼层三跨梁，其编号为 KL5，截面尺寸 $bh = 300\text{mm} \times 700\text{mm}$，第 1 轴跨 $l_{01} = 7200\text{mm}$，第 2 轴跨 $l_{02} = 7200\text{mm}$，第 3 轴跨 $l_{02} = 7200\text{mm}$。框架抗震等级为二级，所在环境类别属于一类，混凝土强度等级采用 C30。柱截面尺寸相同，$b_c h_c = 650\text{mm} \times 600\text{mm}$。其他条件参见图 3-10。

试计算该梁上部第 1 排支座非贯通筋的工程量。

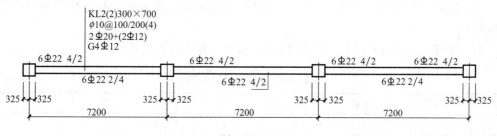

图 3-10　【例题 3-5】附图之一

【解】

1. 按手工计算

由于结构对称，梁的配筋对称。故梁的配筋只需计算 A、B 两个支座负筋的量，CD 支座负筋的量分别与 B、A 的相同。

（1）A支座第1排负筋计算

判断A支座锚固形式

$$l_{aE} = 0.14 \times \frac{300}{1.43} \times 1.15 \times 22 = 743\text{mm} > h_c - c = 600 - 20 = 580\text{mm}$$

故应采用弯锚。

$$长度 = (7200 - 325 \times 2)/3 + (650 - 20 + 15 \times 22) = 3143\text{mm}$$

$$根数 = 2\text{根}$$

（2）B支座负筋计算（表3-32）

【例题 3-4】附表 表 3-32

计算方法	B支座第1排负筋长度＝2×（第1跨、第2跨净跨较大值）/3＋B支座宽度			根数
计算过程	第1跨净跨长	第2跨净跨长	长度	
	7200－325－325＝6550	7200－325－325＝6550		
	取较大值 6550			
算式	2×6550/3＋650		5017	2

C支座第1排负筋长度＝5017mm；D支座第1排负筋长＝3143mm。

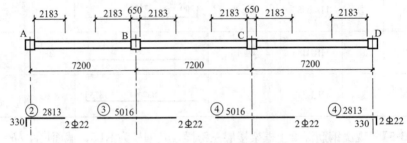

图 3-11 【例题 3-5】附图之二

2. 按编程计算器计算

（1）按 AC/ON 键打开计算器，按 MENU 键，进入主菜单界面；

（2）按字母 B 键或数字 9 键，进入程序菜单；

（3）找到计算程序名：［GG3-S］，按 EXE 键（多跨梁通长钢筋长度按单跨梁计算更方便些）；

（4）按屏幕提示进行操作（见表3-33），最后，得出计算结果。

【例题 3-4】附表（计算纵筋量） 表 3-33

序号	屏幕显示	输入数据	计算结果	单位	说　明
1	$l_1＝?$	7200，EXE		mm	输入第1跨轴跨
2	$l_2＝?$	7200，EXE		mm	输入第2跨轴跨
3	$l_3＝?$	7200，EXE		mm	输入第3跨轴跨
4	$h_a＝?$	650，EXE		mm	输入第1支座宽度
5	$h_b＝?$	650，EXE		mm	输入第2支座宽度
6	$h_c＝?$	650，EXE		mm	输入第3支座宽度

序号	屏幕显示	输入数据	计算结果	单位	说　　明
7	$h_d=?$	650，EXE		mm	输入第 4 支座宽度
8	$C=?$	30，EXE		—	输入混凝土强度
9	$G=?$	2，EXE		—	输入钢筋等级
10	LB	1，EXE		—	输入环境类别
11	c		20，EXE	—	输出混凝土保护层厚度
12	I_α	2，EXE		mm	输入钢筋类别，带肋钢筋输入 2
13	α		0.14，EXE	mm	输出锚固钢筋的外形系数
14	$J=?$	2，EXE			输入抗震等级
15	ζ_{aE}		1.15，EXE		输出抗震锚固长度修正系数
16	l_{n1}		6550，EXE	mm	输出第 1 跨净跨
17	l_{n2}		6500，EXE	mm	输出第 2 跨净跨
18	l_{n3}		6550，EXE	mm	输出第 3 跨净跨
19	$K=?$	1，EXE		—	输入计算参数，BC 支座上部钢筋贯通时，输入 2；否则输入 1
20	$I_z=?$	1，EXE		mm	输入支座编号 1
21	l_{n1}		6550，EXE	mm	输出第 1 跨净跨
22	$N=?$	1，EXE		—	输入循环变量终值，支座 A 仅一侧有梁，故 $N=1$
23	$A_{IJ}=?$	A，EXE		—	输入数据代码 A
24	M		6550，EXE	mm	输出 A 支座相邻跨较大值。即第 1 跨值
25	l_n		2183，EXE	mm	输出第 1 跨值的 1/3
26	$I_z=?$	1，EXE		mm	输入 A 支座编号：1
27	$d=?$	22，EXE		mm	输入 A 支座上部负筋直径
28	l_{ab}		646.2，EXE	mm	输出 A 支座负筋基本锚固长度
29	l_{aE}		743.1，3EXE	mm	输出 A 支座负筋抗震锚固长度
30	$l'_{aE'l}$		960.3EXE	mm	输出 A 支座负筋抗震锚固长度计算值
31	$I_z=?$	1，EXE		—	A 支座负筋输入 1
32	l_A		3143，EXE	mm	输出 A 支座负筋下料长度
33	$I_z=?$	2，EXE		—	输入 B 支座编号 2
34	$N=?$	2，EXE			输入循环变量终值，支座 B 两侧有梁，故 $N=2$
35	$A_{IJ}=?$	A，EXE		—	输入数据代码 A
36	$A_{IJ}=?$	B，EXE		—	输入数据代码 B
37	M		6550，EXE	—	输出 B 支座两侧净跨度较大值
38	l_n		2183，EXE		输出 B 支座两侧跨度较大值的 1/3
39	$I_z=?$	2，EXE		—	输入 B 支座编号 2
40	$d=?$	22，EXE		mm	输入 B 支座上部负筋直径
41	$I_z=?$	2，EXE			输入 B 支座编号 2

续表

序号	屏幕显示	输入数据	计算结果	单位	说　明
42	l_B		5017，EXE	mm	输出 B 支座上部钢筋③下料长度
43	$I_z=?$	3，EXE	—		输入 C 支座编号
44	l_{n2}		6550，EXE	mm	输出 B 支座左侧净跨值
45	l_{n3}		6550，EXE	mm	输出 B 支座右侧净跨值
46	$N=?$	2，EXE	—		输入循环变量终值，支座 B 两侧有梁，故 $N=2$
47	$A_{IJ}=?$	B，EXE	—		输入数据代码 B
48	$A_{IJ}=?$	F，EXE	—		输入数据代码 F
49	M		6550，EXE	mm	输出 C 支座两侧净跨较大值
50	l_n		2183，EXE	mm	输出 C 支座两侧净跨较大值 R1/3
51	$I_x=?$	3，EXE	—		输入 C 支座编号
52	$d=?$	22，EXE	mm		输入 C 支座上部负筋直径
53	$I_z=?$	3，EXE	—		输入 C 支座编号
54	L_C		5017，EXE	mm	输出 C 支座上部钢筋下料长度
55	$I_z=?$	4，EXE	—		输入 D 支座编号 4
56	l_{n3}		6550，EXE	mm	输入 D 支座相邻跨净跨值
57	$N=?$	1，EXE			输入循环变量终值，支座 D 仅一侧有梁，故 $N=1$
58	A_{IJ}	F，EXE			输入数据代码 F
59	$M=?$	6550，EXE	mm		输出第 3 跨净跨值
60	l_n	2183，EXE	mm		输出第 3 跨净跨值的 1/3
61	$I_z=?$	4，EXE	—		输入 D 支座编号 4
62	$d=?$	22，EXE	mm		输入 D 支座上部钢筋直径
63	l_{ab}		646.2，EXE	mm	输出 D 支座基本锚固长度
64	l_{aE}		743.1，3EXE		输出 D 支座抗震锚固长度
65	l'_{aEr}		960.3EXE	mm	输出 D 支座抗震锚固长度计算值
66	$I_z=?$	4，EXE	—		输入 D 支座编号 4
67	L_D		3143.3EXE	mm	输出 D 支座上部钢筋下料长度

注：表中 I_z 值为支座编号。从左至右顺序为 1、2、3、4。

框架梁 KL-5 上部支纵筋、按程序计算结果列于表 3-34。

【例题 3-5】框架梁 KL5 上部负筋下料长度和根数　　　　　　　　　　表 3-34

图号	梁号	筋号	钢筋级别	根数、直径	图　形	钩长	钢筋受力性质
结 3	KL-5	②	HRB335	2Φ25	2813　 330	3143	支座负筋 （非贯通）
结 3	KL-5	③	HRB335	2Φ22	5016	5016	支座负筋 （非贯通）

续表

图号	梁号	筋号	钢筋级别	根数、直径	图　　形	钩长	钢筋受力性质
结 3	KL-5	④	HRB335	2 Φ 22	5016	5016	支座负筋（非贯通）
结 3	KL-5	⑤	HRB335	4 Φ 22	2813　330	3143	支座纵筋（非贯通）

3.4　计算程序

3.4.1　框架层间单跨梁钢筋量计算

程序名：［LL11］（计算单跨梁纵向受力钢筋量程序）

"L0"?-→L:

"al"?-→M:

"ar"?-→N:

"Ln":L-M-N-→List 1[2]◢

Prog"M"

Prog"C20"

Prog"G":

2M-→X:

2N-→W:

Prog"BHC"

Lbl 3:

d"?→"D:

"lab":Theta * (Y÷r)×D-→List 1[1]◢

"laE":List 1[3]×List 1[1]→List 1[4]◢

"c":U→C:

If(X-C)>=List 1[4]:Then:

"LaEl":List 1[4]-→List 2[6]◢

Else

"LaEl′":(X-C)+15D-→List 2[6]◢

"a":15D-→AD ◢

"s1":List 2[6]-A ◢

If End

If(W-C)>List 1[4]:Then

"LaEr":List 1[4]-→List 2[7]◢

Else

"LaEr′":(W-C)+15D→List 2[7]◢

If End

"OK1"◢

"K"?-→K ◢

```
If K = 1:Then
ElseGoto 1:
If End
If(X-C)>=List 1[4]And(W-C)>=List 1[4]:Then
"ls":List 1[2]+List 2[6]+List 2[7]◢
If End:
If(X-C)≥List 1[4]And(W-C)<List 1[4]:Then
"ls":List 1[2]+List 2[6]+List 2[7]◢
If End
If(X-C)<List 1[4]And(W-C)>List 1[4]:Then
"ls":List 1[2]+List 2[6]+List 2[7]◢
If End
If(X-C)<List 1[4]And(W-C)<List 1[4]:Then
"ls":List 1[2]+List 2[6]+List 2[7]◢
If End
"OK2":
Goto 3:
Lbl 1:
If(X-C)≥List 1[4]And(W-C)≥List 1[4]:Then
"lx":List 1[2]+List 2[6]+List 2[7]◢
If End:
If(X-C)≥List 1[4]And(W-C)<List 1[4]:Then
"lx":List 1[2]+List 2[6]+List 2[7]-(D+25)◢
If End
"Ths-End"
Lbl 1:
If(X-C)<List 1[4]And(W-C)>List 1[4]:Then
"lx":List 1[2]+List 2[6]+List 2[7]-(25+25)◢
If End
If(X-C)<List 1[4]And(W-C)<List 1[4]:Then
"lx":List 1[2]+List 2[6]+List 2[7]-2(D+25)◢
If End:
"OK3"
Goto3:
```

3.4.2 框架层间单跨梁钢筋量计算

程序名：［LL12］（计算梁上部通长纵向受力钢筋量程序）

```
"L0"?→L
"al"?→M
"ar"?→N
"Ln":L-M-N→List 1[2]◢
"Ln":List 1[2]→List 7[7]
Prog"M"
```

```
Prog"C20"
Prog"G"
"hcl"?→X
"hcr"?→W
Prog"BHC"
Lbl 3:
"d"?→D
"lab":Theta * (Y/r) * D→List 1[1]◢
"laE":List 1[3] * List 1[1]→List 1[4]◢
"c":U→C
If(X − C)≥List 1[4]:Then
"LaEl":List 1[4]→List 2[6]◢
Else
"LaEl":(X − C) + 15D→List 2[6]◢
"a":15D→A ◢
"s1":List 2[6] − A ◢
If End
If(W − C)>List 1[4]:Then
"LaEr":List 1[4]→List 2[7]◢
Else
"LaEr":(W − C) + 15D→List 2[7]◢
If End
"OK1"◢
"K"?→K ◢
If K = 1:Then
Else Goto 1:If End
If(X − C)≥List 1[4]And(W − C)≥List 1[4]:Then
"ls":List 1[2] + List 2[6] + List 2[7]◢
If End
If(X − C)≤List 1[4]And(W − C)<List 1[4]:Then
"ls":List 1[2] + List 2[6] + List 2[7]◢
If End
If(X − C)<List 1[4]And(W − C)>List 1[4]:Then
"ls":List 1[2] + List 2[6] + List 2[7]◢
If End
If(X − C)<List 1[4]And(W − C)<List 1[4]:Then
"ls":List 1[2] + List 2[6] + List 2[7]◢
If End ◢
"OK2!"
Goto 3:
Lbl 1:
If(X − C)≥List 1[4]And(W − C)≥List 1[4]:Then
"lx":List 1[2] + List 2[6] + List 2[7]◢
```

```
If End
If(X-C)≥List 1[4]And(W-C)<List 1[4]:Then
"lx":List 1[2] + List 2[6] + List 2[7] - (D+25) ◢
If End
Lbl 1:
If(X-C)<List 1[4]And(W-C)>List 1[4]:Then
"lx":List 1[2] + List 2[6] + List 2[7] - (D+25) ◢
If End
If(X-C)<List 1[4]And(W-C)<List 1[4]:Then
"lx":List 1[2] + List 2[6] + List 2[7] - 2(D+25) ◢
If End
Goto 3:
"OK3"
```

3.4.3 程序名：[L1]（用于计算单跨和多跨梁受扭纵筋长度）

```
"L0"?→L
"al"?→M
"ar"?→N
"Ln":L - M - N→List 1[2] ◢
Prog"M"
Prog"C20"
Prog"G"
"hcl"?→X
"hcr"?→W
Prog"BHC"
"d"?→D
"lab":θ * (Y/r) * D→List 1[1] ◢
"laE":List 1[3] * List 1[1]→List 1[4] ◢
"c":U→C
If(X-C)≥List 1[4]:Then
"LaEl":List 1[4]→List 2[6] ◢
Else
"LaEl'":(X-C) + 15D→List 2[6] ◢
"a":15D→A ◢
"s1":List 2[6] - ADisps
If End
If(W-C)>List 1[4]:Then
"LaEr":List 1[4]→List 2[7] ◢
Else
"LaEr'":(W-C) + 15D→List 2[7] ◢
If End
"OK1":
If(X-C)≥List 1[4]And(W-C)≥List 1[4]:Then
```

"lT":List 1[2] + List 2[6] + List 2[7]◢

If End

If(X − C)≤List 1[4]And(W − C)<List 1[4]:Then

"lT":List 1[2] + List 2[6] + List 2[7]◢

If End

If(X − C)<List 1[4]And(W − C)>List 1[4]:Then

"lT":List 1[2] + List 2[6] + List 2[7]◢

If End

If(X − C)<List 1[4]And(W − C)<List 1[4]:Then

"lT":List 1[2] + List 2[6] + List 2[7]◢

If End

3.4.4　程序名：[L2]（用于计算单跨和多跨梁构造钢筋——腰筋长度）

"L0"?→L:"al"?→M:"ar? − >N:

"Ln":L − M − N→List 1[2]◢

"d"?→D:

"lm":List 1[2] + 15D ∗ 2→L ◢

3.4.5　程序名：[GU2]（用于计算梁的箍筋长度和根数）

"h"?→H:

"d"?→D:

"J"?→J:

If J = 1:Then

"h/4":H/4→A:

"6d":6D − →B:

100 − →C:

Else If J = 2:Then

"h/4":H/4→A:

"8d":8D→B:

100→C:

Else If J = 3:Then

"h/4":H/4→A:

"8d":8D→B:

150→C:

Else If J = 4:Then

"h/4":H46→A

"8d":8D→B:

150→C:

If End:

If End:

If End

If End

```
"N"?→N:
For 1→I To N
"I":I ◢
"A[I,J]"?→List 1[I]:
Next:
List 1[1]→K:
For 2→I To N:
If K>List 1[I]:Then
List 1[I]→K:
If End:
Next:
"Smin":K→List 2[1]
"OK1":
If J=1:Then
"2h":2H→A:
"500":500→B:
Else If J=2 0r J=3:Then
"1.5H":1.5H→A:
"500":500→B:
If End:
If End:
"N"?→N
For 1→To N:
"I":I ◢
"A[I,J]"?→List 1[I]
Next:
List 1[1]→M:
For 2->I To N
If M<List 1[I]:Then
List 1[I]→M:
If End:
Next:
"Amax":M→List 2[2]◢
"OK2":
"d2"?→D
"d2":10D→A
"75":75→B:
"N"?→N
For 1→I To N
"I":IDisps"AI,J"?→List 1[I]:
Next:
List 1[1]→M:
For 2→I To N:
```

```
If M<List 1[I]:Then
List 1[I]→M
If End:
Next:
"Max":M ◢
"GOmax":M→List 2[3]Disps ◢
"OK3":
"b"?→W:
"c"? － ＞C:
"Lg":(W－2C)＊2＋(H－2C)＊2＋1.9D＊2＋List 2[3]＊2－→LDisps ◢
"ln"?→List 2[4]
"S"?→S ◢
"n_{k1}":((List 2[2]－50)÷List 2[1]＋1)→MDisps ◢
"n_{k1}"?→M:
"n_{k2}":(List 2[4]－2×List 2[2])/S－1→N ◢
"n_{k2}"?→N:
"n_k":2M＋N:
```

3.4.6　程序名［GG2］（用于计算框架结构二跨层间梁非贯通负筋长度）

```
"L1"?→List 5[1]
"L2"?→List 5[2]
"ha"?→P
"hb"?→Q
"hc"?→R
Prog"C20"
Prog"G"
"J"?→J
Prog"BHC"
Prog"M"
"Ln1":List 5[1]－0.5×(P＋Q)→List 5[1] ◢
"Ln2":List 5[2]－0.5×(Q＋R)→List 5[2] ◢
Lbl 1:
"Ix"?→I ◢
If I＝1:Then
"L1":List 5[1]→A ◢
Else If I＝2:Then
"L1":List 5[1]→A ◢
"L2":List 5[2]→B ◢
Else If I＝3:Then
"L2":List 5[2]→B
If End
If End:
If End
```

```
"Nₓ"?→N
For 1→I To N
"I":I ◢
"AIJ"?→List 5[I]
Next
List 5[1]→M ◢
For 2→I To N
If M<List 5[I]:Then
List 5[I]→M ◢
If End ◢
Next
"M":M ◢
"ln":M/3→List 1[10]◢
"Ix"?→I
"OKChar!"
"d"?→D
"lab":θ(Y÷<r>)×D→List 1[1]◢
"laE":List 1[3] * List 1[1]→List 1[4]◢
"c":U→C
If(P−C)≥List 1[4]:Then
"laEl":List 1[4]→List 2[6]Disps ◢
Else
"laEl'":(P−C)+15D→List 2[6]◢
If End
If(R−C)≥List 1[4]:Then
"laEr":List 1[4]→List 2[7]◢
Else
"laEr'":(R−C)+15D→List 2[7]◢
If End
"IXX"?→I
If I = 1:Then
"LA":List 1[10]+List 2[6]◢
Else If I = 2:Then
"LB":List 1[10]×2+Q ◢
Else If I = 3:Then
"LC":List 1[10]+List 2[7]◢
If End
If End
If End
"OK!"
Goto 1:
```

3.4.7 程序名［GG3-S］（三跨梁之一）（用于计算框架结构三跨层间梁上部非贯通钢筋量）

```
"L1"?→List 5[1]:
```

```
"L2"?→List 5[2]:
"L3"?→List 5[3]:
"ha"?→T:
"hb"?→Q:
"hc"?→R:
"hd"?→W:
Prog"C20":
Prog"G";
Prog"BHC":
Prog"M":
"Ln1":List 5[1]－0.5＊(T＋Q)→List 5[1]◢
"Ln2":List 5[2]－0.5＊(Q＋R)→List 5[2]◢
"Ln3":List 5[3]－0.5＊(R＋W)→List 5[3]◢
"K"?→K:
If K＝1:Then:
Goto 1:
Else;
"LBC":(List 5[1]/3)＋Q＋List 5[2]＋(List 5[3]/3)＋R ◢
If End:
Lbl 1:
"Iz"?→I ◢
If I＝1:Then:
"Ln1":List 5[1]→A ◢
Else If I＝2:Then:
"Ln1":List 5[1]→A ◢
"Ln2":List 5[2]→B ◢
Else If I＝3:Then:
"Ln2":List 5[2]→B ◢
"Ln3":List 5[3]→F ◢
Else If I＝4:Then:
"Ln3":List 5[3]→F ◢
If End:
If End:
If End:
If End:
"N＝1or2"?→N:
For 1→I To N
"I":I ◢
"AIJ"?→List 5[I]:
Next
List 5[1]→M ◢
For 2→I To N:
If M＜List 5[I]:Then:
```

```
List 5[I]→M ◢
If End
Next
"maxl":M ◢
"ln":M/3→List 1[10]◢
"Ix"?→I
"OK!"
"d"?→D
If I = 1:Then Goto 5:
If End
If I = 2:Then Goto 4:If End
If I = 3:Then Goto 4:If End
"lab":θ(Y÷r) * D→List 1[1]◢
"laE":List 1[3] * List 1[1]→List 1[4]◢
If I = 4:Then Goto 3:
If End
Lbl 5:
"lab":θ(Y÷r) × D→List 1[1]◢
"laE":List 1[3] * List 1[1]→List 1[4]◢
"c":U→C ◢
If(T − C)≥List 1[4]:Then
"laEl":List 1[4]→List 2[6]◢
Else:
"laEl":(T − C) + 15D→List 2[6]◢
If End:
If I = 1:Then Goto 4:
If End:
Lbl 3:
If(W − C)≥List 1[4]:Then:
"laEr":List 1[4]→List 2[7]◢
Else:
"laEr":(W − C) + 15D→List 2[7]◢
If End
Lbl 4:
"OO"◢
"Iz"?→I
If I = 1:Then
"LA":List 1[10] + List 2[6]◢
Else If I = 2 And K = 1:Then
"LB":(List 1[10]) * 2 + Q ◢
Else If I = 3 And K = 1:Then
"LC":(List 1[10]) × 2 + R ◢
Else If I = 4:Then
```

"LD":List 1[10] + List 2[7] ◢

If End

If End

If End

If End

"OK" ◢

Goto 1:

3.4.8　程序名［GG3-X］（三跨梁之二）（用于计算三跨梁的下部非贯通钢筋量）

"L1"?→List 6[1]:

"L2"?→List 6[2]:

"L3"?→List 6[3]:

"ha"?→T:

"hb"?→Q:

"hc"?→R:

"hd"?→W:

Prog"C20":

Prog"G":

Prog"BHC":

Prog"M":

Lbl 1:

"lk"?→I

If I = 1:Then

"Ln1":List 6[1] - 0.5 × (T + Q)→List 5[1] ◢

If End:

If I = 2:Then

"Ln2":List 6[2] - 0.5 × (Q + R)→List 5[2] ◢

Goto 2:

If End:

If I = 3:Then

"Ln3":List 6[3] - 0.5 * (R + W)→List 5[3] ◢

Goto 3:

If End

If I = 1:Then

"d"? - >D

"lab":Theta(Y ÷ <r>) × D→List 1[1] ◢

"laE":List 1[3] × List 1[1]→List 1[4] ◢

If End

"c":U→C

If(T - C)≥List 1[4]:Then

"laEl":List 1[4]→List 2[6] ◢

Else

"laEl'":(T - C) + 15D→List 2[6] ◢

"LAB":List 5[1] + List 2[6] + List 1[4] – 50 ◢

If End:

Goto 1:

Lbl 2:

If I = 2:Then

"d"?→D

"lab":$\theta \times$ (Y ÷ $<$r$>$) $\times$ D→List 1[1] ◢

"laE":List 1[3] $\times$ List 1[1]→List 1[4] ◢

"LBC":(List 5[2]) + 2 $\times$ List 1[4] ◢

If End:

"OK2";

Lbl 3:

"d"?→D:

"lab":$\theta \times$ (Y ÷ $<$r$>$) $\times$ D→List 1[1] ◢

"laE":List 1[3] $\times$ List 1[1]→List 1[4] ◢

If(W – C)$>$ = List 1[4]:Then

"laEr":List 1[4]→List 2[7] ◢

Else:

"laEr":(W – C) + 15D→List2[7] ◢

"LCD":List 5[3] + List 2[7] + List 1[4] – 50 ◢

If End:

"OK! "

3.4.9 子程序名［BHC］（与三跨梁程序名［GG3-S］配合使用）

"C"?→C

"LB"?→L

If C$>$25 And L = 1:Then"

cb = ":15→Z ◢

"cl = ":20→U ◢

Else If C$>$25 And L = 2A:Then

"cb = ":20→Z ◢

"cl = ":25→U ◢

Else If C$>$25 And L = 2B:Then

"cb = ":25→Z ◢

"cl = ":35→U ◢

Else If C$>$25 And L = 3A:Then

"cb = ":30→Z ◢

"cl = ":40→U ◢

Else If C$>$25 And L = 3B:Then

"cb = ":40→Z ◢

"cl = ":50→U ◢

Else If C$\leqslant$25 And L = 1:Then

"cb = ":20→Z ◢

"cl = ":25→U ◢

Else If C≤25 And L = 2A:Then

"cb = ":25→Z ◢

"cl = ":30 – >U ◢

Else If C≤25 And L = 2B:Then

"cb = ":30→Z ◢

"cl = ":40→U ◢

Else If C≤25 And L = 3A:Then

"cb = ":35→Z ◢

"cl = ":45→U ◢

Else If C≤25 And L = 3B:Then

"cb = ":45→Z ◢

"cl = ":55→U

If End:If End:

If End:If End

If End:If End:

If End:If End:

If End:If End:

Return

（注：程序中 L 表示环境类别，$L=1$ 表示环境类别一类；$L=2A$ 表示环境类别为二 a 类；$L=2B$ 表示环境类别为二 b 类；余类推）

第4章　框架柱钢筋工程量的计算

4.1　框架柱纵向钢筋和箍筋抗震构造措施

4.1.1　框架梁、柱纵向钢筋在节点区抗震锚固和连接

抗震设计时框架梁、柱纵向钢筋在节点区的锚固和连接应符合下列要求（图4-1）。

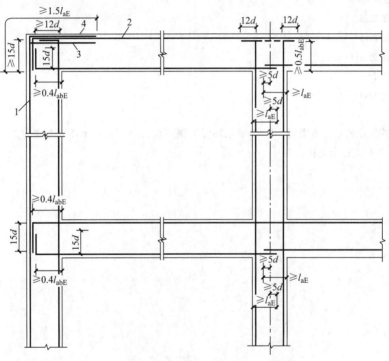

图 4-1　抗震设计时框架梁、柱纵向钢筋在节点区的锚固

1—柱外侧纵向钢筋；2—梁上部纵向钢筋；3—伸入梁内的柱外侧纵向钢筋；

4—不能伸入梁内的柱外侧纵向钢筋，可伸入板内

1. 顶层中间节点柱纵向钢筋和边节点内侧纵向钢筋的锚固

这两种纵向钢筋的锚固应伸至柱顶。当从梁底边计算的直线锚固长度不小于 l_{aE} 时，可不必水平弯折，否则应向柱内或梁内、板内水平弯折，锚固段弯折前的竖直投影长度不应小于 $0.5l_{abE}$，弯折后的投影长度不宜小于 $12d$（d 为纵向钢筋直径），其中，l_{abE} 为抗震时钢筋基本锚固长度，参见图4-1。

这里，出现了两个抗震钢筋锚固长度，即 l_{aE} 和 l_{abE}。它们之间有怎样的关系？现说明如下：

由第1章可知，l_{aE} 可按式（1-9）计算：

$$l_{aE} = \zeta_{aE} l_a$$

式中　l_a——纵向受拉钢筋的锚固长度，按式（1-8）计算：

$$l_a = \zeta_a l_{ab}$$

　　　　ζ_a——锚固长度修正系数，按《混凝土结构设计规范》8.3.2 条的规定采用（参见本书 1.6.2 节）。

《高层建筑混凝土结构技术规程》JGJ 3—2010（简称"高规"）规定，抗震时钢筋基本锚固长度 l_{abE}，可按下式计算：

$$l_{abE} = \zeta_{aE} l_{ab} \tag{4-1}$$

式中　ζ_{aE}——纵向受拉钢筋抗震锚固长度修正系数；对一、二级抗震等级取 1.15，对三级抗震等级取 1.05，对四级抗震等级取 1.00；

　　　　l_{ab}——受拉钢筋的基本锚固长度，按式（1-7）式计算：

$$l_{ab} = \alpha \frac{f_y}{f_t} d$$

式中　α——锚固钢筋的外形系数，光圆钢筋取 0.16，带肋钢筋取 0.14；

　　　　f_y——钢筋抗拉强度设计值；

　　　　f_t——混凝土轴心抗拉强度设计值；

　　　　d——钢筋直径。

对比式（1-9）和式（4-1）可见，若 $\zeta_a = 1$，则由式（1-8）得：$l_a = l_{ab}$，将其代入式（1-9）便得到：

$$l_{aE} = \zeta_{aE} l_{ab} = l_{abE} \tag{4-2}$$

这就是说，当 $\zeta_a = 1$ 时，即《混凝土结构设计规范》8.3.2 条规定的内容不存在时，两个抗震锚固长度相等。

另一方面，l_{ab} 之所以称为受拉钢筋的基本锚固长度，是因为它没有考虑锚固长度修正系数 ζ_a 的影响。而 l_{abE} 因为它也没有考虑锚固长度修正系数的影响，却考虑了抗震设防的要求，故顺理成章地称其为抗震时受拉钢筋的基本锚固长度。

2. 顶层端节点处，柱外侧纵向钢筋与梁上部纵向钢筋搭接与锚固

顶层端节点处，柱外侧纵向钢筋可与梁上部纵向钢筋搭接。搭接长度不应小于 $1.5l_{aE}$，且伸入梁内的柱外侧纵向钢筋截面面积不宜小于柱外侧全部纵向钢筋截面面积的 65%；在梁宽范围以外的柱外侧全部纵向钢筋可伸入现浇板内，其伸入长度与伸入梁内的相同。当柱外侧纵向钢筋的配筋率大于 1.2% 时，伸入梁内的柱外侧纵向钢筋，宜分两批截断，其截断点之间的距离不宜小于 $20d$（柱纵向钢筋直径）。

3. 柱纵向受力钢筋的连接

当纵向受力钢筋长度不满足设计要求时，钢筋就要进行连接。常用的连接方法有：搭接连接、机械连接和焊接（图 4-2）。

（1）搭接连接

当采用搭接连接时，纵向受拉钢筋的抗震搭接长度，应按式（1-11）计算：

$$l_{lE} = \zeta_l l_{aE}$$

式中　ζ_{al}——纵向受拉钢筋长度修正系数，按表 1-13 采用。

如前所述，《混凝土结构设计规范》规定，同一构件中相邻纵向受拉钢筋的绑扎搭接接头宜相互错开，钢筋绑扎搭接接头连接区段长度为 1.3 倍搭接长度，凡搭接接头中点位

于该连接区段内的搭接接头均属于同一连接区段（图 4-2a）。这一规定可避免相邻钢筋接头过分靠近，而在钢筋端部截面产生应力集中，使构件产生裂缝。

混凝土构件位于同一连接区段内的纵向受拉钢筋接头面积百分率不宜超过 50%。

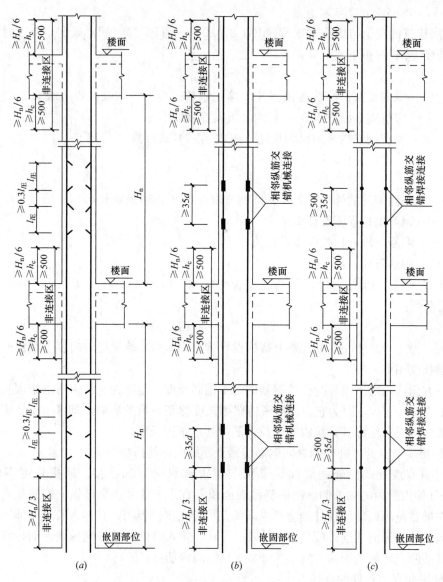

图 4-2　纵向受力钢筋的连接
（a）搭接连接；（b）机械连接；（c）焊接连接

当某层连接区高度小于纵筋分两批搭接所需要的高度时，应改用机械连接或焊接连接。

（2）机械连接

当采用机械连接时（图 4-2b），相邻钢筋接头宜相互错开，钢筋机械连接区段的长度为 $35d$（d 为连接钢筋的较小直径）。凡接头中点位于该连接区段内的搭接接头均属于同一连接区段。

（3）焊接连接

当采用焊接连接时，相邻钢筋接头宜相互错开，钢筋焊接连接区段的长度为 $35d$（d

为连接钢筋的较小直径）且不小于 500mm（图 4-2c）。凡接头中点位于该连接区段内的焊接接头均属于同一连接区段。

4.1.2　框架柱箍筋加密的有关规定

震害调查表明，在强烈地震作用下，柱的顶部、底部和节点核心区常发生严重震害。在这些部位有的发生环状水平裂缝、斜裂缝和交叉裂缝。重者混凝土被压碎、剥落。柱内箍筋被拉断，纵筋压曲呈灯笼状，框架梁、板倾斜。这种破坏的原因是，由于框架节点处的弯矩、剪力和轴力都比较大，柱的箍筋配置不足，或锚固不好，在这些内力共同作用下，使箍筋失效造成的。这种震害现象在高烈度区十分普遍，修复也很困难。因此，《混凝土结构设计规范》GB 50010、《建筑抗震设计规范》GB 50011 和《高层建筑混凝土结构技术规程》JCJ 3 都规定了框架柱的顶部和底部及节点核心区箍筋需要加密。

1. 柱的箍筋加密范围

对于建筑无地下室柱的箍筋加密范围，应按下列规定采用（图 4-2）：

（1）柱端，取柱截面长边尺寸（圆柱直径）、柱净高的 1/6 和 500mm 三者的最大值，即取：

$$\max\left(h_c, \frac{H_n}{6}, 500\right);$$

（2）底层柱的下端不小于柱净高（从基础顶面或柱下端嵌固处计算）的 1/3；

（3）刚性地面上下各 500mm；

（4）抗震等级一、二级框架的角柱，取全高。

对于建筑有地下室柱的箍筋加密范围，应按图 4-3 所示规定采用。

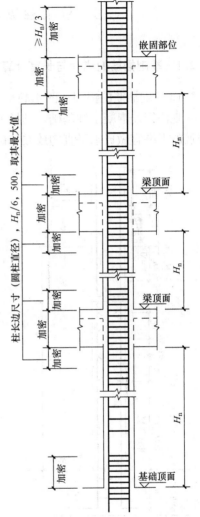

图 4-3　柱的箍筋加密范围

2. 柱的箍筋加密区箍筋最大间距和最小直径

一般情况下，箍筋最大间距和最小直径，应按表 4-1 采用。

箍筋最大间距和最小直径　　　　　　　　　　　表 4-1

抗震等级	箍筋最大间距（采用较小值，mm）	箍筋最小直径（mm）
一	6d，100	10
二	8d，100	8
三	8d，150（柱根部 100）	8
四	8d，150（柱根部 100）	6（柱根部 8）

注：1. d 为纵向钢筋直径；
　　2. 柱根部是指底层柱下端箍筋加密区。

梁、柱节点核心区也应按上述要求进行箍筋加密。

4.2 框架柱纵向钢筋锚固、连接与长度计算

4.2.1 基础插筋的锚固与长度计算

1. 基础插筋的锚固 (图 4-4)

现浇钢筋混凝土柱基础, 其插筋数量、直径及钢筋种类应与柱内纵向受力钢筋相同。插筋的下端宜做成水平直钩放在基础底板钢筋网上。插筋锚固长度应满足下列规定:

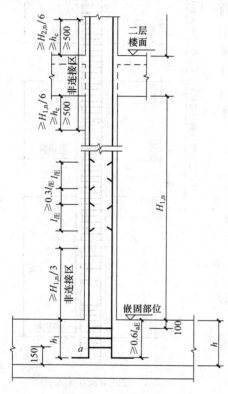

图 4-4 基础插筋的锚固与长度计算

注: 当 $h_1 \geqslant l_{aE}$ 时, $a = \max(6d, 150)$;

当 $h_1 \leqslant l_{aE}$ 时, $a = 15d$

(1) 当 $h_1 \geqslant l_{aE}$ 时,

这时, 插筋锚固长度按式 (4-3) 计算:

$$l_{aE} = \zeta_{aE} l_{ab} \tag{4-3}$$

其中系数 ζ_{aE}; 对一、二级抗震等级取 1.15, 对三级抗震等级取 1.05, 对四级抗震等级取 1.00。

插筋水平直钩长度取 $a = \max(6d, 150)$。

(2) 当 $h_1 \leqslant l_{aE}$ 时

插筋锚入基础内的竖直段长度应不小于 $0.6l_{aE}$, 同时, 插筋水平直钩长度取 $a = 15d$。

基础插筋与相邻层的钢筋连接, 可采用绑扎搭接、机械连接或焊接。采用绑扎搭接时, 其搭接长度应按式 (1-11) 计算。

2. 基础插筋长度计算

为了满足《混凝土结构设计规范》GB 5011—2010 关于位于同一连接区段内的受拉钢筋接头面积百分率不宜超过 50% 的规定, 在各层柱中必须设置两个钢筋连接接头 (参见图集 1G101-1, P57)。其间距应符合以下要求: 绑扎搭接 $\geqslant 1.3l_{lE}$; 机械连接 $\geqslant 0 35d$; 焊接连接 $\max(35d, 500)$。将相应于位置较低的插筋长度称为"低位插筋长度"; 将相应于位置较高的插筋长度称为"高位插筋长度"。

(1) 低位插筋长度

以绑扎搭接连接为例 (参见图 4-4), 低位插筋长度按下式计算:

$$l_{cd} = a + h_1 + \frac{1}{3} H_{1,n} + l_{lE} \tag{4-4}$$

式中 $\dfrac{H_{1,n}}{3}$——首层非连接区长度 (即首层柱根部箍筋加密区长度);

l_{lE}——插筋与上部纵筋搭接长度;

a——插筋弯折长度。当 $h_1 \geqslant l_{aE}$ 时, $a = \max(6d, 150)$; 当 $h_1 \leqslant l_{aE}$ 时, $a \geqslant 15d$。

（2）高位插筋长度

仍以绑扎搭接连接为例，高位插筋长度按下式计算：

$$l_{cg} = a + h_1 + \frac{1}{3}H_{n1} + l_{lE} + 1.3l_{lE} \tag{4-5}$$

比较式（4-4）、式（4-5）可见，高位插筋长度比低位的长 $1.3l_{lE}$

4.2.2　首层、中间层和顶层纵筋锚固与长度计算

1. 首层纵筋长度（图 4-4）

与低位插筋连接时，首层纵筋长度可按下式计算：

$$l_{1d} = H_1 - \frac{1}{3}H_{1,n} + \max(H_{2,n}/6, h_c, 500) + l_{lE,2} \tag{4-6a}$$

式中
H_1——首层层高，即柱下端嵌固部位至二层梁顶距离；

$H_{2,n}$——二层净高；

h_c——柱截面长边尺寸；

$\max(H_{2,n}/6, h_c, 500)$——第二层非连接区长度；

$l_{lE,2}$——第二层搭接长度。

与高位插筋搭接时，首层纵筋长度可按下式计算：

$$l_{1,g} = H_1 - \frac{1}{3}H_{1,n} - 1.3l_{lE1} + \max(H_{2,n}/6, h_c, 500) + 2.3l_{lE,2} \tag{4-6b}$$

式中　l_{lE1}——第一层搭接长度。

2. 中间层（i 层）纵筋长度（图 4-5）

与低位纵筋搭接时中间层纵筋长度可按下式计算：

$$l_{id} = H_i - \max(H_{i,n}/6, h_c, 500) \\ + \max(H_{i+1,n}/6, h_b, 500) + l_{lE,i+1} \tag{4-7a}$$

式中
H_i——第 i 层层高；

$H_{i,n}$——第 i 层净高；

$H_{i+1,n}$——第 $i+1$ 层净高；

$\max(H_{i,n}/6, h_c, 500)$——第 i 层非连接区长度；

$\max(H_{i+1,n}/6, h_c, 500)$——第 $i+1$ 层非连接区长度；

$l_{lE,i+1}$——第 $i+1$ 层搭接长度。

与高位纵筋搭接时中间层纵筋长度可按下式计算：

$$l_{ig} = H_i - \max(H_{i,n}/6, h_c, 500) - 1.3l_{lE,i} \\ + \max(H_{i+1,n}/6, h_c, 500) + 2.3l_{lE,i+1} \tag{4-7b}$$

比较式（4-7a）和式（4-7b）可见，当第 i 层与第 $i+1$ 层纵向受力钢筋级别和直径相同时，与低位纵筋搭接和与高位纵筋搭接的第 i 层纵筋长度相同。

3. 顶层（m 层）纵筋锚固与长度

（1）中柱（图 4-1）

1）当 $(h_b - c) > l_{aE}$ 时（直锚）

这时，柱的纵筋应伸至柱顶而不必水平弯折。与低位下

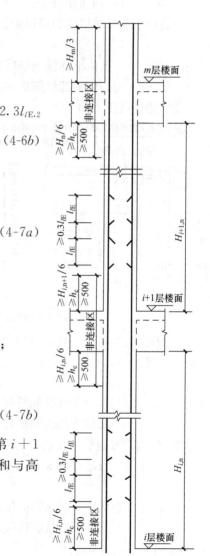

图 4-5　中间层纵筋长度计算

部纵筋搭接的顶层钢筋长度可按下式计算：

$$l_{\mathrm{m,d}} = H_{\mathrm{m}} - \max(H_{\mathrm{m,n}}/6, h_{\mathrm{c}}, 500) - h_{\mathrm{b}} + (h_{\mathrm{b}} - c) \quad (4\text{-}8a)$$

与高位纵筋搭接的顶层钢筋长度，较上述情形有长度短 $1.3l_{l\mathrm{E}}$。即

$$l_{\mathrm{m,g}} = l_{\mathrm{m,d}} - 1.3l_{l\mathrm{E}} \quad (4\text{-}8b)$$

2）当 $(h_{\mathrm{b}} - c) \leqslant l_{\mathrm{aE}}$ 时（弯锚）

这时，柱的纵筋应伸至柱顶并水平弯折。锚固段弯折前的竖向投影长度不应小于 $0.5l_{\mathrm{abE}}$。与低位下部纵筋搭接的顶层钢筋长度可按下式计算：

$$l_{\mathrm{m,d}} = H_{\mathrm{m}} - \max(H_{\mathrm{m,n}}/6, h_{\mathrm{c}}, 500) - h_{\mathrm{b}} + (h_{\mathrm{b}} - c) + 12d \quad (4\text{-}8c)$$

式中　$l_{\mathrm{m,d}}$——与低位钢筋（由下一层伸至顶层的纵筋）搭接的顶层钢筋长度；

　　　H_{m}——顶层层高；

　　　$H_{\mathrm{m,n}}$——顶层净高；

　　　h_{c}——柱的截面的长边。

与高位下部纵筋搭接的顶层钢筋长度，较上述情形的长度短 $1.3l_{l\mathrm{E}}$。即

$$l_{\mathrm{m,g}} = l_{\mathrm{m,d}} - 1.3l_{l\mathrm{E}} \quad (4\text{-}8d)$$

式中　$l_{\mathrm{m,d}}$——与低位下部纵筋搭接的顶层钢筋长度；

　　　$l_{\mathrm{m,g}}$——与高位下部纵筋搭接的顶层钢筋长度。

（2）边柱（图 4-6）

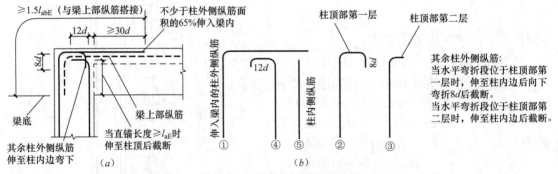

图 4-6　顶层边柱纵筋长度计算

（a）顶层端节点纵筋的锚固与搭接；（b）顶层端节点外侧和内侧纵筋的锚固

1）外侧①号钢筋（其数量为全部外侧纵筋的 65%）

$$l_{\mathrm{md1}} = H_{\mathrm{m}} - \max(H_{\mathrm{m,n}}/6, h_{\mathrm{c}}, 500) - h_{\mathrm{b}} + \max(1.5l_{\mathrm{abE}}, h_{\mathrm{b}} - c + h_{\mathrm{c}} - c + 30d) \text{❶} \quad (4\text{-}9a)$$

$$l_{\mathrm{mg1}} = l_{\mathrm{md1}} - 1.3l_{l\mathrm{E}} \quad (4\text{-}9b)$$

式中　l_{md1}——与低位下部纵筋搭接的顶层①号钢筋长度；

　　　l_{mg1}——与高位下部纵筋搭接的顶层①号钢筋长度。

2）外侧②号钢筋（其数量为外侧纵筋的 35%）

$$l_{\mathrm{md2}} = H_{\mathrm{n}} - \max(H_{\mathrm{m,n}}/6, h_{\mathrm{c}}, 500) - h_{\mathrm{b}} + (h_{\mathrm{b}} - c) + (h_{\mathrm{c}} - 2c) + 8d \quad (4\text{-}10a)$$

$$l_{\mathrm{ng2}} = l_{\mathrm{nd2}} - 1.3l_{l\mathrm{E}} \quad (4\text{-}10b)$$

式中　l_{nd2}——与低位下部纵筋搭接的顶层②钢筋长度；

　　　l_{ng2}——与高位下部纵筋搭接的顶层②钢筋长度。

---

❶　式中 $30d$ 为柱外侧钢筋伸入梁内的长度。

3）外侧③号钢筋

若②号钢筋一部分水平弯折段布置在梁的上部第一排，则余下部分水平弯折段，可布置在第二排，并伸至柱内边后截断。其长度计算公式为

$$l_{md3} = H_m - \max(H_{m,n}/6, h_c, 500) - h_b + (h_b - c) + (h_c - 2c) \qquad (4\text{-}11a)$$

$$l_{mg3} = l_{md3} - 1.3l_{lE} \qquad (4\text{-}11b)$$

式中　l_{md3}——与低位下部纵筋搭接的顶层③号钢筋长度；

　　　l_{mg3}——与高位下部纵筋搭接的顶层③号钢筋长度。

4）④号钢筋

④号钢筋是指，除外侧边以外的三边上的钢筋。其长度计算公式为：

$$l_{md4} = H_m - \max(H_{m,n}/6, h_b, 500) - h_b + (h_b - c) + 12d \qquad (4\text{-}12a)$$

$$l_{mg4} = l_{md4} - 1.3l_{lE} \qquad (4\text{-}12b)$$

式中　l_{md4}——与低位下部纵筋搭接的顶层④号钢筋长度；

　　　l_{mg4}——与高位下部纵筋搭接的顶层④号钢筋长度。

5）⑤号钢筋用于 $(h_b - c) \geqslant l_{aE}$ 情形。其长度计算公式为：

$$l_{md5} = H_m - \max(H_{m,n}/6, h_c, 500) - h_b + (h_b - c) \qquad (4\text{-}13a)$$

$$l_{mg5} = l_{mg5} - 1.3l_{lE} \qquad (4\text{-}13b)$$

式中　H_m——顶层层高；

　　　$H_{m,n}$——顶层净高；

　　　h_c——柱截面的长边；

　　　l_{md5}——与低位下部纵筋搭接的顶层⑤钢筋长度；

　　　l_{mg5}——与高位下部纵筋搭接的顶层⑤钢筋长度。

4.3　框架柱箍筋长度和根数计算

4.3.1　框架柱箍筋长度

1. ①号箍筋长度（图 4-7）

$$l_1 = (b - 2c) \times 2 + (h - 2c) \times 2 + 1.9d \times 2 + \max(10d, 75\text{mm}) \times 2 \qquad (4\text{-}14a)$$

2. ②号箍筋长度

$$l_2 = \left(a_x n_x + \frac{1}{2}D \times 2 + 2d\right) \times 2 + (h - 2c) \times 2 + 1.9d \times 2 + \max(10d, 75) \times 2 \qquad (4\text{-}14b)$$

3. ③号箍筋长度

$$l_3 = \left(a_y n_y + \frac{1}{2}D \times 2 + 2d\right) \times 2 + (b - 2c) \times 2 + 1.9d \times 2 + \max(10d, 75) \times 2 \qquad (4\text{-}15a)$$

式中　a_x、a_y——分别为沿 x、y 方向的纵筋间距（mm）；

　　　n_x——②号箍筋内沿 x 方向的纵筋间距数；

　　　n_y——③号箍筋内沿 y 方向的肢的间距数；

　　　D——纵筋直径；

　　　d——箍筋直径；

　　　c——柱混凝土保护层。

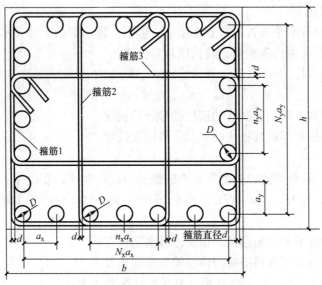

图 4-7　柱的箍筋长度计算

a_x 值可按下式计算：

$$a_x = (b - 2c - 2d - D)/N_x \qquad (4\text{-}15b)$$

a_y 值可按下式计算：

$$a_y = (h - 2c - 2d - D)/N_y \qquad (4\text{-}15c)$$

式中　N_x、N_y——分别为柱横截面沿 x、y 方向一边纵筋间距数。

4.3.2　箍筋根数的计算

1. 基础内箍筋根数

基础内箍筋根数可按下式计算：

$$n = \frac{h - t_1 - t_2}{s} + 1 \qquad (4\text{-}16)$$

式中　n——基础内箍筋根数；

　　　s——基础内箍筋间距；

　　　t_1——基础顶部箍筋起步距离，一般取 $t_1 = 100\text{mm}$（参见图 4-4）；

　　　t_2——基础底面箍筋起步距离，一般取 150mm。

根据规定，基础内箍筋间距 $s \leqslant 500\text{mm}$，根数 $n \geqslant 2$。

2. 柱的箍筋根数（图 4-4）

（1）搭接连接时

当采用搭接连接方案时，需判断某层连接区的高度 l_l 是否大于计算纵筋分两批搭接所需要的长度，即是否满足 $l_l \geqslant 2.3 l_{l\text{E}}$ 的条件❶。若满足这个条件，则表明搭接连接是可行的、合理的。否则箍筋须沿柱全高加密。或改用机械连接，或焊接连接。因此，拟采用搭接连接方案前，需首先算出每层柱各箍筋加密区高度和搭接范围高度，并求得该层箍筋加

---

❶　这一条件也可改为箍筋加密区总高度小于某层层高：$\sum l_i \leqslant H_i$。

密区总高度，然后，将该高度与该层层高度加以比较，最后，确定出柱的纵筋较为合理的连接方案。

下面分别给出首层、中间层和顶层（命名为第 i 层）的具体计算方法：

1）首层：

柱根部箍筋加密区高度

$$l_{11} = H_{1n}/3 \tag{4-17}$$

柱顶部箍筋加密区高度

$$l_{12} = \max(h_c, H_{1n}/6, 500) \tag{4-18}$$

梁高范围加密区高度

$$l_{13} = h_{b1} \tag{4-19}$$

搭接范围加密区高度

$$l_{14} = 2.3l_{lE} \tag{4-20}$$

首层箍筋加密区总高度可按下式计算：

$$\sum l_i = (H_{1n}/3) + \max(h_c, H_{1n}/6, 500) + b_b + 2.3l_{lE} \tag{4-21}$$

当 $\sum l_i \leqslant H_1$（首层层高）时

这时，可采用搭接连接，各区段的箍筋根数可分别按下式计算：

柱根部箍筋加密区根数

$$n_{11} = (H_{1n}/3 - 50) \div s_1 + 1 \tag{4-22}$$

柱顶部加密区根数

$$n_{12} = \max(h_c, H_{1n}/6, 500)/s_1 + 1 \tag{4-23}$$

梁高范围加密区箍筋根数

$$n_{13} = h_b/s_1 \tag{4-24}$$

搭接范围加密区箍筋根数

$$n_{14} = 2.3l_{lE}/s_1 \tag{4-25}$$

非加箍筋加密区箍筋根数

$$n_{15} = (H_1 - 50 - l_{11} - l_{12} - l_{13} - l_{14})/s_2 - 1 \tag{4-26}$$

式中　n_{11}——首层柱根部加密区箍筋根数；

$\quad\quad n_{12}$——首层柱顶部加密区箍筋根数；

$\quad\quad n_{13}$——首层梁高范围加密区箍筋根数；

$\quad\quad n_{14}$——首层搭接加密区箍筋根数；

$\quad\quad n_{15}$——首层柱非加密区箍筋根数；

$\quad s_1$、s_2——首层柱加密区和非加密区箍筋根数。

当 $\sum l_i > H_1$ 时，应采用沿柱全高加密方案或改为机械连接或焊接方案。若采用沿柱全高加密，则可按式下式计算箍筋根数：

$$n = (H_1 - 50)/100 + 1 \tag{4-27}$$

2）中间层（含顶层）（第 i 层）：

柱根部箍筋加密区高度

$$l_{i1} = \max(h_c, H_{in}/6, 500) \tag{4-28}$$

柱顶部箍筋加密区高度

$$l_{i2} = \max(h_{c}, H_{in}/6, 500) \tag{4-29}$$

梁高范围加密区高度

$$l_{i3} = h_{bi} \tag{4-30}$$

搭接范围加密区高度

$$l_{i4} = 2.3l_{lE} \tag{4-31}$$

箍筋加密区总高度可按下式计算:

$$\sum l_{i} = 2\max(h_{c}, H_{1n}/6, 500) + b_{bi} + 2.3l_{lE} \tag{4-32}$$

当 $\sum l_{i} \leqslant H_{i}$ (第 i 层层高) 时,可采用搭接连接,各区段的箍筋根数可分别按式下式计算:

柱根部箍筋加密区根数

$$n_{i1} = (H_{1n}/3 - 50) \div s_{1} + 1 \tag{4-33}$$

柱顶部加密区根数

$$n_{i2} = \max(h_{c}, H_{1n}/6, 500)/s_{1} + 1 \tag{4-34}$$

梁高范围加密区箍筋根数

$$n_{i3} = h_{b}/s_{1} \tag{4-35}$$

搭接范围加密区箍筋根数

$$n_{i4} = 2.3l_{lE}/s_{1} \tag{4-36}$$

非加箍筋加密区箍筋根数

$$n_{i5} = (H_{1} - 50 - l_{i1} - l_{i2} - l_{i3} - l_{i4})/s_{2} - 1 \tag{4-37}$$

式中　n_{i1}——第 i 层柱根部加密区箍筋根数;

　　　n_{i2}——第 i 层柱顶部加密区箍筋根数;

　　　n_{i3}——第 i 层梁高范围加密区箍筋根数;

　　　n_{i4}——第 i 层搭接加密区箍筋根数;

　　　n_{i5}——第 i 层柱非加密区箍筋根数;

　s_{1}、s_{2}——第 i 层柱加密区和非加密区箍筋间距。

当 $\sum l_{i} > H_{i}$ 时,应采用沿柱全高加密方案或改为机械连接或焊接方案。若采用沿柱全高加密,则可按式下式计算箍筋根数:

$$n_{i} = H_{i}/s_{1} + 1 \tag{4-38}$$

(2) 机械连接或焊接时

当采用机械连接或焊接时,箍筋根数应分别按下列公式计算:

1) 首层:

柱根部箍筋加密区根数

$$n_{11} = (H_{1n}/3 - 50) \div s_{1} + 1 \tag{4-39}$$

柱顶部加密区根数

$$n_{12} = \max(h_{c}, H_{1n}/6, 500)/s_{1} + 1 \tag{4-40}$$

梁高范围加密区箍筋根数

$$n_{13} = h_{b}/s_{1} \tag{4-41}$$

箍筋加密区总高度

$$\sum l_i = l_{i1} + l_{i2} + l_{i3} \tag{4-42}$$

首层非加密区箍筋根数

$$n_{14} = H_1 - 50 - \sum l_i / s_2 - 1 \tag{4-43}$$

2）中间层、顶层（第 i 层）：

柱根部箍筋加密区根数

$$n_{i1} = \left[\max(h_c, H_{in}/6, 500) \right] \div s_1 + 1 \tag{4-44}$$

柱顶部箍筋加密区根数

$$n_{i2} = \max(h_c, H_{in}/6, 500) \div s_1 + 1 \tag{4-45}$$

梁高范围加密区根数

$$n_{i3} = h_b / s_1 \tag{4-46}$$

非加密区总高度

$$\sum l_i = 2\max(h_c, H_{in}/6, 500) + b_b \tag{4-47}$$

非加密区根数

$$n_{i4} = \left(H_i - \sum l_i \right) / s_2 - 1 \tag{4-48}$$

4.4　计算实例

【例题 4-1】现浇钢筋混凝土三层框架。基础为柱下独立基础。顶面标高为 -0.030，基础高度 $h = 1000$mm。各层层高为：首层 4.50m（由基础顶面算起），二层、三层 3，60m。柱的混凝土强度等级为 C30，框架梁截面 $b_b h_b = 250$mm×650mm。边柱截面为 $b_c h_c = 600$mm×650mm。纵筋采用 HRB335 级钢筋，配筋为 14 Φ 22。箍筋采用 HPB300 级钢筋，$\phi 10@100/200$（图 4-8）。基础底板配筋 $\phi 12@150$。框架结构抗震等级为一级，环境类别为一类，柱的混凝土保护层厚度 $c = 20$mm。基础混凝土保护层厚度 $c = 40$mm，钢筋连接采用绑扎搭接。

试计算边柱 KZ1 钢筋量（本例题已知条件选自参考文献 [8]）。

【解】

1. 手工计算

（1）柱纵筋长度计算

1）基础插筋长度

① 低位插筋长度

插筋竖直段长度

$$h_1 = h - c - 2 \times d_1 = 1000 - 40 - 2 \times 12$$
$$= 936\text{mm}$$

基础插筋锚固长度

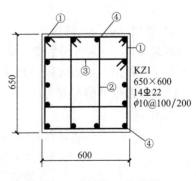

图 4-8　【例题 4-1】附图

$$l_{aE} = \zeta_{aE} \times \alpha \frac{f_y}{f_t} d = 1.15 \times 0.14 \times \frac{300}{1.43} \times 22 = 743\text{mm} < h_1 = 936\text{mm}$$

故可采用直锚。

$$a = \max(6d = 6 \times 22, 150) = 150\text{mm}$$

计算基础插筋低位纵筋长度，计算过程参见表 4-2。

例题【4-1】附表（低位插筋长度） 表 4-2

计算公式	低位插筋长度=$a+h_1+(H_1-h_b)/3+l_{lE}$				
计算过程	弯折长度 a	竖直长度 h_1	非连接区长度	搭接长度 l_{lE}	计算结果
			$(H_1-h_b)/3$	$1.4l_{aE}$	
	150	936	$(4500-650)/3=1283.3$	$1.4 \times 743=1040.2$	
算式			$150+936+1283.3+1020.2$		3410

由上表可见，基础低位插筋长度 $l_{cd}=3410\text{mm}(7\,\underline{\Phi}\,22)$

② 高位插筋长度

按式（4-9）计算

$$l_{cg} = l_{cd} + 1.3l_{lE} = 3410 + 1.3 \times 1040.2 = 4762\text{mm}(7\,\underline{\Phi}\,22)$$

2）首层纵筋长度

首层非连接区长度为 1283.3mm，二层非连接区长度为 $\max(650, 3850/6, 500) = 650\text{mm}$。

于是，与基础低位插筋搭接的首层纵筋长度为：

$$l_{1d} = \text{首层层高} - \text{首层非连接区长度} + \text{二层非连接区长度} + \text{搭接长度}$$
$$= 4500 - 1283.3 + 650 + 1040.2 = 4907\text{mm}$$

显然，与基础高位插筋搭接的首层纵筋长度，应与基础低位插筋搭接的首层纵筋长度相等。即 $l_{1g}=l_{1d}=4907\text{mm}$。

3）二层纵筋长度的计算

二层非连接区长度为 $\max(650, 3600/6, 500) = 650\text{mm}$。于是，与二层低位纵筋（由一层伸上来的）搭接的钢筋长度为：

$$l_{2x} = l_{2s} = \text{二层层高} - \text{二层非连接区长度} + \text{三层（顶层）非连接区长度} + \text{搭接长度}$$
$$= 3600 - 650 + 650 + 1040.6 = 4640.6\text{mm}$$

4）顶层纵筋长度的计算

因为 $h_b - c = 650 - 20 = 630\text{mm} < l_{aE} = 743\text{mm}$，故顶层柱钢筋锚入梁中时，应采用弯锚。

为了方便施工，本例将外侧纵筋全部一次按 $1.5l_{aE}$ 构造要求，锚入梁内。于是，

①号外侧纵筋的长度为：

因为

$$1.5l_{aE} = 1.5 \times 743 = 1114.5\text{mm}$$
$$< h_b - c + h_c - c + 30d = 650 - 20 + 650 - 20 + 30 \times 22 = 1920\text{mm}$$

故

$$l_d = \text{顶层层高} - \text{顶层非连接区长度} - \text{梁高}$$
$$+ \max(1.5\text{锚固长度}, \text{梁高} - \text{保护层} + \text{柱截面高} - \text{保护层} + 30d)$$
$$l_d = 3600 - 650 - 650 + 1920 = 4220\text{mm}(3\,\underline{\Phi}\,22)$$
$$l_g = l_d - 1.3 \times 1.4 \times \text{锚固长度}$$
$$l_g = 4220 - 1.3 \times 1.4 \times 743 = 2868\text{mm}(2\,\underline{\Phi}\,22)$$

④号内侧纵筋的长度为：

$l_d = $ 顶层层高 $-$ 顶层非连接区长度 $-$ 顶层梁高 $+$ ｛梁高 $-$ 保护层｝ $+ 12d$

$\quad = 3600 - 650 - 650 + 630 + 12 \times 22 = 3194\text{mm}(5 \oplus 22)$

$l_{3g} = l_d - 1.3 \times 1.4 \times $ 锚固长度 $= 3194 - 1.3 \times 1.4 \times 743 = 1841.7\text{mm}(4 \oplus 22)$

（2）箍筋长度的计算

1）①号箍筋长度

$l_1 = (b - 2c) \times 2 + (h - 2c) \times 2 + 1.9d \times 2 + \max(10d, 75) \times 2$

$\quad = (600 - 2 \times 20) \times 2 + (650 - 2 \times 20) \times 2 + 1.9 \times 10 \times 2 + \max(10 \times 10, 75) \times 2$

$\quad = 2578\text{mm}$

2）②号箍筋长度

a_x 为沿 x 方向的纵筋间距（参见图 4-7、图 4-9），

$$a_x = (600 - 2 \times 20 - 2 \times 10 - 22) \div 3 = 172.7(\text{mm})$$

按式（4-14b）计算②号箍筋长度：

$l_2 = (a_x \times n_x + 0.5D \times 2 + 2d) \times 2 + (h - 2c) \times 2 + 1.9d \times 2 + \max(10d, 75) \times 2$

$\quad = (172.7 + 22 + 2 \times 10) \times 2 + (650 - 2 \times 20) \times 2 + 1.9 \times 10 \times 2 + 100 \times 2$

$\quad = 429.4 + 1220 + 238 = 1887.4\text{mm}$

3）③号箍筋长度

a_y 为沿 y 方向的纵筋间距，

$$a_y = (650 - 2 \times 20 - 2 \times 10 - 22) \div 4 = 142\text{mm}$$

按式（4-15a）计算③号箍筋长度：

$l_3 = (a_y n_y + 0.5D \times 2 + 2d) \times 2 + (b - 2c) \times 2 + 1.9d \times 2 + \max(10d, 75) \times 2$

$\quad = (142 \times 2 + 22 + 2 \times 10) \times 2 + (600 - 2 \times 20) \times 2 + 1.9 \times 10 \times 2 + 100 \times 2$

$\quad = 2010\text{mm}$

（3）箍筋根数的计算

1）基础内箍筋根数

基础高度 $h = 1000\text{mm}$；顶部箍筋起步距离取 $t_1 = 100\text{mm}$；基础底面箍筋起步距离取 $t_2 = 150\text{mm}$；基础内箍筋间距取 $s = 500\text{mm}$。

按式（4-16）计算基础内箍筋根数

$$n = \frac{h - t_1 - t_2}{s} + 1 = \frac{1000 - 100 - 150}{500} + 1 = 2.5 \qquad （取 3 根）$$

2）柱的箍筋根数

①首层：

a. 柱箍筋加密区和搭接连接区高度计算

柱根部箍筋加密区高度，由式（4-17）得：

$$l_1 = (H_n/3) = (4500 - 650)/3 = 1283.3\text{mm}$$

柱顶部箍筋加密区高度，按式（4-18）得：

$$l_2 = \max(h_c, H_{1n}/6, 500) = \max(650, 642, 500) = 650\text{mm}$$

梁高范围箍筋加密区高度，由式（4-19）得：

$$l_3 = h_b = 650\text{mm}$$

搭接连接区高度，按式（4-20）得：

$$l_4 = 2.3\zeta l_{aE} = 2.3 \times 1.4 \times 33d = 2.3 \times 1.4 \times 33 \times 22 = 2337.7\text{mm}$$

b. 柱的箍筋根数计算

箍筋加密总高度

$$\sum l = l_1 + l_2 + l_3 + l_4 = 1283.3 + 650 + 650 + 2337.7\text{mm}(2393)$$

$$= 4921\text{mm} > H_1 - 50 = 4500 - 50 = 4450\text{mm}$$

计算表明，首层柱箍筋加密总高度大于首层层高，亦即连接区高度小于纵筋分两批搭接所需要的高度，故应沿柱全高须全部加密。

沿柱全高加密箍筋根数按式（4-27）计算：

$$n = (H_1 - 50) \div 100 = 4450 \div 100 + 1 = 45.5 \text{ 根} \qquad （取 46 根）$$

②二层、顶层：

a. 柱根部和顶部箍筋加密区高度由式（4-28）、式（4-29）得：

$$l_1 = l_2 = \max(h_c, H_{ni}/6, 500) = \max(650_c, 2950/6, 500) = 650\text{mm}$$

b. 梁高范围加密区高度由式（4-30）得：

$$l_3 = h_b = 650\text{mm}$$

搭接连接区高度，按式（4-31）得：

$$l_4 = 2.3\zeta l_{aE} = 2.3 \times 1.4 \times 33d = 2.3 \times 1.4 \times 33 \times 22 = 2337.7(2393)$$

箍筋加密区总高度，按式（4-32）计算：

$$\sum l = l_1 + l_2 + l_3 + l_4 = 650 + 650 + 650 + 2337.7 = 4287.7\text{mm} > H_2 = 3600\text{mm}$$

故须沿柱高全高加密箍筋。

$$n_i = H_i/s_1 + 1 = 3600/100 + 1 = 37 \text{ 根}$$

2. 按计算器程序计算

（1）纵筋长度计算

1）基础插筋长度计算

① 按 AC/序 ON 键打开计算器，按 MENU 键，进入主菜单界面；

② 按字母 B 键或数字 9 键，进入程序菜单；

③ 找到计算基础插筋长度程序名：［CHAGL］，按 EXE 键；

④ 按屏幕提示进行操作（见表 4-3），最后，得出计算结果。

【例题 4-1】附表（插筋长度计算）   表 4-3

序号	屏幕显示	输入数据	计算结果	单位	说　明
1	$h=?$	1000，EXE		mm	输入基础高度
2	$C=?$	30，EXE		mm	输入混凝土强度等级
3	$G=?$	2，EXE		mm	输入钢筋类别编号，HRB335 级输入数字
4	c	40，EXE		mm	输入混凝土保护层厚度
5	$I_a=?$	2，EXE		—	输入钢筋类型编号，肋形钢筋输入数字 2
6	α		0.14，EXE	—	输出锚固钢筋外形系数
7	$J=?$	1，EXE		—	输入结构抗震等级
8	$\zeta_{ab}=?$		1.15，EXE	—	输出钢筋抗震锚固长度修正系数

续表

序号	屏幕显示	输入数据	计算结果	单位	说　　明
9	$d=?$	22，EXE		mm	输入基础插筋直径
10	$d_1=?$	12，EXE		mm	输入基础底板钢筋网直径
11	h_1		936，EXE	mm	输出基础插筋竖直段长度
12	l_{ab}		648.2，EXE	mm	输出基础插筋基本锚固长度
13	l_{aE}		743.1，EXE	mm	输出基础插筋抗震锚固长度
14	a		150，EXE	mm	输出基础插筋弯折水平段长度
15	h_b	650，EXE		mm	输入首层梁的高度
16	H_1	4500，EXE		mm	输入梁首层层高
17	l_{0d}		3410，EXE	mm	输出低位插筋长度（7 根）
18	l_{0g}		4762，EXE	mm	输出高位插筋长度（7 根）

2）首层纵筋长度计算

① 按 AC/ON 键打开计算器，按 MENU 键，进入主菜单界面；

② 按字母 B 键或数字 9 键，进入程序菜单；

③ 找到计算首层钢筋长度程序名：［1CHGL］，按 EXE 键；

④ 按屏幕提示进行操作（见表 4-4），最后，得出计算结果。

【例题 4-1】附表（一层纵筋长度计算） 表 4-4

序号	屏幕显示	输入数据	计算结果	单位	说　　明
1	$d=?$	22，EXE		mm	输入柱的纵筋直径
2	$C=?$	30，EXE		—	输入混凝土强度等级
3	$G=?$	2，EXE		—	输入钢筋类别编号，HRB335 级输入数字 2
4	$H_2=?$	3600，EXE		mm	输入二层层高
5	$h_c=?$	650，EXE		mm	输入首层柱的高度
6	$h_b=?$	650，EXE		mm	输入首层梁的高度
7	$N=?$	3，EXE		—	输入确定二层柱根部非加密区高度的条件数量，共计 3 个，故输入 3
8	$A_{ij}=?$	A，EXE		—	输入条件代码 A
9	$A_{ij}=?$	B，EXE		—	输入条件代码 B
10	$A_{ij}=?$	C，EXE		—	输入条件代码 C
11	$S_2 G_{max}$		650，EXE	mm	输出第二层柱根部加密区高度
12	$H_1=?$	4500，EXE		mm	输入首层层高
13	$S_1 G_{max}$		1283，EXE	mm	输出首层柱根部加密区高度
14	$I_\alpha=?$	2，EXE		—	输入钢筋类型编号，肋形钢筋输入数字 2
15	α		0.14，EXE	—	输出锚固钢筋外形系数
16	$J=?$	1，EXE		—	输入结构抗震等级
17	ζ_{aE}		1.15，EXE	—	输出钢筋抗震锚固长度修正系数
18	l_{ab}		648.2，EXE	mm	输出基础插筋基本锚固长度

续表

序号	屏幕显示	输入数据	计算结果	单位	说　　明
19	l_{aE}		743.1，EXE	mm	输出基础插筋抗震锚固长度
20	l_{1d}		4907，EXE	mm	输出首层低位纵筋长度（7根）

3）二层纵筋长度计算

① 按 AC/ON 键打开计算器，按 MENU 键，进入主菜单界面；

② 按字母 B 键或数字 9 键，进入程序菜单；

③ 找到计算二层钢筋长度程序名：［2CHGL］，按 EXE 键；

④ 按屏幕提示进行操作（见表 4-5），最后，得出计算结果。

【例题 4-1】附表（二层纵筋长度计算）　　　　　　　　　表 4-5

序号	屏幕显示	输入数据	计算结果	单位	说　　明
1	$d=?$	22，EXE		mm	输入柱的纵筋直径
2	$C=?$	30，EXE		—	输入混凝土强度等级
3	$G=?$	2，EXE		—	输入钢筋类别编号，HRB335 级输入数字 2
4	$H_3=?$	3600，EXE		mm	输首层层高
5	$h_c=?$	650，EXE		mm	输入柱的截面高度
6	$h_b=?$	650，EXE		mm	输入首层梁的高度
7	$N=?$	3，EXE		—	输入确定第三层柱根部加密区高度的条件数量，共计 3 个，故输入 3
8	$A_{ij}=?$	A，EXE		—	输入条件代码 A
9	$A_{ij}=?$	B，EXE		—	输入条件代码 B
10	$A_{ij}=?$	C，EXE		—	输入条件代码 C
11	S_3G_{max}		650，EXE	mm	输出第三层柱根部加密区高度
12	$H_2=?$	3600，EXE		mm	输入第二层层高
13	h_{c2}	650，EXE		mm	输入第二层柱根部非加密区高度
14	$N=?$	3，EXE		—	输入确定第三层柱根部加密区高度的条件数量，共计 3 个，故输入 3
15	$A_{ij}=?$	A，EXE		—	输入条件代码 A
16	$A_{ij}=?$	B，EXE		—	输入条件代码 B
17	$A_{ij}=?$	C，EXE		—	输入条件代码 C
18	S_2G_{max}		650，EXE	mm	输出第二层柱根部加密区高度
19	$I_\alpha=?$	2，EXE		—	输入钢筋类型编号，肋形钢筋输入数字 2
20	α		0.14，EXE	—	输出锚固钢筋外形系数
21	$J=?$	1，EXE		—	输入结构抗震等级
22	ζ_{aE}		1.15，EXE	—	输出钢筋抗震锚固长度修正系数
23	l_{ab}		648.2，EXE	mm	输出基础插筋基本锚固长度
24	l_{aE}		743.1，EXE	mm	输出基础插筋抗震锚固长度
25	l_{2d}		4640.	mm	输出第二层低位纵筋长度（7根）

4) 顶层纵筋长度计算（①、④号钢筋）

① 按 AC/ON 键打开计算器，按 MENU 键，进入主菜单界面；

② 按字母 B 键或数字 9 键，进入程序菜单；

③ 找到计算顶层①号、④号钢筋长度程序名：[DCHGL]，按 EX 键；

④ 按屏幕提示进行操作（见表 4-6），最后，得出计算结果。

【例题 4-1】附表（顶层纵筋长度计算）　　　　　　　　　　　　表 4-6

序号	屏幕显示	输入数据	计算结果	单位	说　　明
1	①号钢筋			—	①号钢筋
2	$H_d=?$	3600，EXE		mm	输入顶层层高
3	$h_c=?$	650，EXE		mm	输入柱的截面高度
4	$h_{b3}=?$	650，EXE		mm	顶层梁的高度
5	$c=?$	20EXE			输入混凝土保护层厚度
6	$d=?$	22，EXE		mm	输入柱的纵筋直径
7	$C=?$	30，EXE		—	输入混凝土强度等级
8	$G=?$	2，EXE			输入钢筋类别编号，HRB332 输入 2
9	$I_a=?$	2，EXE			输入钢筋类型编号，肋形钢筋输入数字 2
10	α		0.14，EXE	—	输出锚固钢筋外形系数
11	$J=?$	1，EXE			输入结构抗震等级
12	ζ_{aE}		1.15，EXE		输出钢筋抗震锚固长度修正系数
13	l_{ab}		648.2，EXE	mm	输出基础插筋基本锚固长度
14	l_{aE}		743.1，EXE	mm	输出基础插筋抗震锚固长度
15	l_{3d}		4220，EXE		输出顶层①号钢筋低位纵筋长度（3 根）
16	l_{3g}		2868，EXE	mm	输出顶层①号钢筋高位纵筋长度（2 根）
17	④号钢筋			—	④号钢筋
18	l_{3d}		3194，EXE	—	输出顶层④号钢筋低位纵筋长度（5 根）
19	l_{3g}		1842	—	输出顶层④号钢筋高位纵筋长度（4 根）

（2）箍筋长度计算

1) 按 AC/ON 键打开计算器，按 MENU 键，进入主菜单界面；

2) 按字母 B 键或数字 9 键，进入程序菜单；

3) 找到计算箍筋长度程序名：[GUJL]，按 EXE 键；

4) 按屏幕提示进行操作（见表 4-7），最后，得出计算结果。

【例题 4-1】附表（箍筋长度计算）　　　　　　　　　　　　表 4-7

序号	屏幕显示	输入数据	计算结果	单位	说　　明
1	$b=?$	600，EXE		mm	输入柱的截面短边
2	$h=?$	650，EXE		—	输入柱的截面长边
3	$c=?$	20，EXE		—	输入混凝土保护层厚度
4	$d=?$	22，EXE		mm	输入柱纵筋直径
5	$d_1=?$	10，EXE		mm	输入柱箍筋直径
6	$N_x=?$	3，EXE		mm	输入柱①号箍筋内 x 方向一侧间距数

续表

序号	屏幕显示	输入数据	计算结果	单位	说　明
7	$a_x=?$		172.7，EXE	—	输出柱①号箍筋内沿方向 x 纵筋间距值
8	$n_x=?$	1，EXE		—	输入柱②号箍筋内沿 x 方向一侧间距数
9	$N_y=?$	4，EXE		—	输入柱①号箍筋内 y 方向纵筋一侧间距数
10	a_y		142，EXE	—	输出柱①号箍筋内沿 y 方向纵筋间距值
11	$n_y=?$	2，EXE		mm	输入柱③号箍筋内沿 y 方向一侧间距数
12	$l_1①$		2578，EXE	mm	输出①号箍筋长度
13	$l_2②$		1887，EXE	mm	输出②号箍筋长度
14	$l_3③$		2010.	mm	输出③号箍筋长度

（3）箍筋根数计算

1）基础内箍筋根数

① 按 AC/ON 键打开计算器，按 MENU 键，进入主菜单界面；

② 按字母 B 键或数字 9 键，进入程序菜单；

③ 找到计算基础箍筋根数程序名：[0-GUJN]，按 EXE 键；

④ 按屏幕提示进行操作（见表 4-8），最后，得出计算结果。

【例题 4-1】附表（基础箍筋数计算） 表 4-8

序号	屏幕显示	输入数据	计算结果	单位	说　明
1	$h=?$	1000，EXE		mm	输入基础的高度
2	t_1	100，EXE		mm	输入基础箍筋起步尺寸
3	t_2	150，EXE		mm	输入基础垫层厚＋混凝土保护层厚度
4	s	500，EXE		mm	输入箍筋间距
5	$n_0=?$		2.5	mm	输出箍筋根数，取 $n_0=3$

2）首层箍筋根数

① 按 AC/ON 键打开计算器，按 MENU 键，进入主菜单界面；

② 按字母 B 键或数字 9 键，进入程序菜单；

③ 找到计算首层箍筋根数程序名：[1GUJN]，按 EXE 键；

④ 按屏幕提示进行操作（见表 4-9），最后，得出计算结果。

【例题 4-1】附表（箍筋长度和根数计算） 表 4-9

序号	屏幕显示	输入数据	计算结果	单位	说　明
1	$h_b=?$	650，EXE		mm	输入首层梁的高度
2	H_1	4500，EXE		mm	输入首层层高
3	H_{1n}		3850，EXE	mm	输出首层净高
4	l_1		1283，EXE	mm	输出柱底箍筋加密区高度（编号1）
5	$h_c=?$	650，EXE		mm	输入首层柱截面的高度
6	$N=?$	3，EXE		mm	输入确定二层柱根部非加密区高度的条件数量，共计 3 个，故输入 3

续表

序号	屏幕显示	输入数据	计算结果	单位	说　　明
7	I		1	—	输出代码编号 1
8	$A_{ij}=?$	A，EXE		—	输入条件代码 A
9	I		2	—	输出代码编号 2
10	$A_{ij}=?$	B，EXE		—	输入条件代码 B
11	I		3	—	输出代码编号 3
12	$A_{ij}=?$	C，EXE		—	输入条件代码 C
13	l_2		650，EXE	mm	输出柱顶箍筋加密区高度（编号 2）
14	l_3		650，EXE	—	输出首层梁加密区高度（编号 3）
15	$d=?$	22，EXE			输入柱的纵筋直径
16	$G=?$	2，EXE		—	输入钢筋类别编号，HRB335 级输入数字 2
17	$C=?$	30，EXE			输入混凝土强度等级
18	$I_\alpha=?$	2，EXE			输入钢筋类型编号，肋形钢筋输入数字 2
19	α		0.14，EXE		输出锚固钢筋外形系数
20	$J=?$	1，EXE		—	输入结构抗震等级
21	ζ_{aE}		1.15，EXE		输出钢筋抗震锚固长度修正系数
22	l_{ab}		646.2，EXE	mm	输出基础插筋基本锚固长度
23	l_{aE}		743.1，EXE	mm	输出基础插筋抗震锚固长度
24	ρ	50，EXE		%	输入柱纵向搭接钢筋接头面积百分率
25	ζ_l		1.4，EXE	—	输出纵向受拉钢筋搭接长度修正系数
26	l_{lE}		1040，EXE	—	输出纵向受拉钢筋搭接长度
27	l_4		2393，EXE	—	输出纵筋分两批搭接所需要的长度（编号 4）
28	$\sum l$		4976，EXE	mm	输出加密区总长度
29	$s_1=?$	100，EXE		—	输出加密区箍筋间距
30	$s_2=?$	200，EXE		—	输出非加密区箍筋间距
31	n		45.5	—	输出沿首层柱全高加密总根数（取 $n=46$）

3）二层、顶层箍筋根数

① 按 AC/ON 键打开计算器，按 MENU 键，进入主菜单界面；

② 按字母 B 键或数字 9 键，进入程序菜单；

③ 找到计算二层、顶层箍筋根数程序名：［2—3GUJN］，按 EXE 键；

④ 按屏幕提示进行操作（见表 4-10），最后，得出计算结果。

【例题 4-1】附表（箍筋长度和根数计算）　　　　　　　　表 4-10

序号	屏幕显示	输入数据	计算结果	单位	说　　明
1	$h_b=?$	650，EXE		mm	输入 2 层梁的高度
2	H_2	3600，EXE		mm	输入二层层高
3	H_{2n}		2950，EXE	mm	输出二层净高

续表

序号	屏幕显示	输入数据	计算结果	单位	说　明
4	$h_c=?$	650，EXE		mm	输入二层柱截面的高度
5	$N=?$	3，EXE		mm	输入确定二层柱根部加密区高度的条件数量，共计3个，故输入3
6	I		1	—	输出代码编号1
7	$A_{ij}=?$	A，EXE		—	输入条件代码A
8	I		2	—	输出代码编号2
9	$A_{ij}=?$	B，EXE		—	输入条件代码B
10	I		3	—	输出代码编号3
11	$A_{ij}=?$	C，EXE		—	输入条件代码C
12	l_1		650，EXE	mm	输出柱底箍筋加密区高度
13	l_2		650，EXE	mm	输出柱顶箍筋加密区高度
14	l_3		650，EXE	—	输出二层梁加密区高度
15	$d=?$	22，EXE		—	输入柱的纵筋直径
16	$G=?$	2，EXE		—	输入钢筋类别编号，HRB335级输入数字2
17	$C=?$	30，EXE		—	输入混凝土强度等级
18	$I_a=?$	2，EXE		—	输入钢筋类型编号，肋形钢筋输入数字2
19	α		0.14，EXE		输出锚固钢筋外形系数
20	$J=?$	1，EXE		—	输入结构抗震等级
21	ζ_{aE}		1.15，EXE	—	输出钢筋抗震锚固长度修正系数
22	l_{ab}		648.2，EXE	mm	输出基础插筋基本锚固长度
23	l_{aE}		743.1，EXE	mm	输出基础插筋抗震锚固长度
24	ρ	50，EXE		%	输入柱纵向搭接钢筋接头面积百分率
25	ζ_l		1.4，EXE	—	输出纵向受拉钢筋搭接长度修正系数
26	l_{lE}		1040，EXE	mm	输出纵向受拉钢筋搭接长度
27	l_4		2393，EXE	mm	输出纵筋分两批搭接所需要的长度
28	s_1	100，EXE		mm	输入加密区箍筋间距
29	s_2	200，EXE		mm	输入非加密区箍筋间距
30	n		37	—	输出沿二、三层柱全高加密总根数（取$n=$37）

【例题 4-2】 现浇钢筋混凝土四层框架。基础为柱下独基础。顶面标高为−0.300，基础高度$h=900$mm。各层层高为：首层：4.50m（由基础顶面算起），二层：4.20m，三层4.20m。框架梁截面$b_b h_b=250$mm×700mm。边柱截面为$b_c h_c=750$mm×750mm。纵筋采用 HRB335 级钢筋，配筋为 14$\oplus$25。箍筋采用 HPB300 级钢筋，$\phi 10@100/200$（图 4-9），基础底板配筋$\phi 14@150$（双向）。基础混凝土保护层厚度 40mm，框架结构抗震等级为一级，环境类别为一类。柱的混凝土保护层厚度 20mm。柱的混强度等级为 C30，钢筋连接采用机械连接。

试计算边柱 KZ1 首层和二层钢筋量。

【解】

1. 手工计算

（1）纵筋长度

1）基础插筋长度计算

① 低位插筋长度

插筋竖直段长度

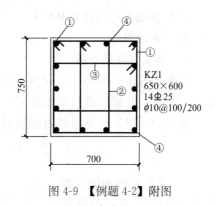

图 4-9　【例题 4-2】附图

$$h_1 = h - c - 2 \times d_1 = 900 - 40 - 2 \times 14$$
$$= 832\text{mm}$$

基础插筋锚固长度

$$l_{\text{aE}} = \zeta_{\text{aE}} \times \alpha \frac{f_y}{f_t} d = 1.15 \times 0.14 \times \frac{300}{1.43} \times 25 = 844.4\text{mm} > h_1 = 832\text{mm}$$

故须采用弯锚。

$$a = 15d = 15 \times 25 = 375\text{mm}$$

计算基础插筋低位纵筋长度，计算过程参见表 4-11。

【例题 4-2】附表（基础低位插筋长度）　　　　　表 4-11

计算公式	低位插筋长度 $l_{0d} = a + h_1 + (H_1 - h_b)/3$				
计算过程	基础高度 h	弯折长度 a	竖直长度 h_1	非连接区高高度	计算结果
	900	375	832	$(H_1 - h_b)/3$	
				$(4500 - 700)/3 = 1267$	
算式				$375 + 832 + 1267$	2474

② 基础插筋高位纵筋长度

基础插筋高位纵筋长度为：

$$l_{0g} = l_{0d} + 35d = 2474 + 35 \times 25 = 3349\text{mm}$$

2）首层纵筋长度

首层非连接区长度为 1267mm，二层非连接区长度为 $\max(750，3850/6，500) = 750\text{mm}$。

于是，与基础低位插筋搭接的首层纵筋长度为：

$$l_{0d} = 首层层高 - 首层非连接区长度 + 二层非连接区长度$$
$$= 4500 - 1267 + 750 = 3983\text{mm}$$

显然，与基础高位插筋搭接的首层纵筋长度，应与基础低位插筋搭接的首层纵筋长度相等。即 $l_{1g} = l_{1d} = 3983\text{mm}$。

3）二层纵筋长度的计算

二层非连接区长度为 $\max(750，3450/6，500) = 750\text{mm}$。于是，与二层低位纵筋（由一层伸上来的）搭接的钢筋长度为：

$$l_{2d} = l_{2g} = 二层层高 - 二层非连接区长度 + 三层(顶层)非连接区长度$$
$$= 4200 - 750 + 750 = 4200\text{mm}$$

（2）箍筋长度（计算从略）

（3）箍筋根数

1）基础内箍筋根数

基础高度 $h=900$mm；顶部箍筋起步距离取 $t_1=100$mm；基础底面箍筋起步距离取 $t_2=150$mm；基础内箍筋间距取 $s=500$mm。

按式（4-21）计算基础内箍筋根数

$$n=\frac{h-t_1-t_2}{s}+1=\frac{900-100-150}{500}+1=2.30 \qquad （取 3 根）$$

2）首层柱的箍筋根数

① 首层：非箍筋加密区长度，按下式计算：

连接区的高度 = 首层净高 − 柱根部加密区高度 − 柱顶部加密区高度

$$l=4500-700-1267-750=1783\text{mm}>35\times25=770\text{mm}$$

计算表明，首层连接区高度大于纵筋分两批机械连接所需要的高度。可以采用机械连接方案

柱根部加密区箍筋根数，按式（4-39）计算：

$$n_1=(H_{1n}/3-50)\div s_1+1$$
$$=[(4500-700)/3-50]\div100+1=13.17 \qquad （取 14 根）$$

柱顶部加密区箍筋根数，按式（4-40）计算：

$$n_2=\max(h_c,H_{1n}/6,500)\div s_1+1$$
$$=\max(750,3800/6,500)/100+1=8.5 \qquad （取 9 根）$$

梁高范围加密区箍筋根数，按式（4-41）计算：

$$n_3=h_b/s_1=700/100=7 \qquad （取 7 根）$$

首层层高范围内箍筋加密区总高度按（4-42）计算：

$$\sum l=(H_{1n}/3)+\max(h_c,H_{n1}/6,500)+b_b$$
$$=1266.7+750+700=2716.7\text{mm}$$

非加密区箍筋根数，按式（4-43）计算：

$$n_4=\left(H_1-50-\sum l\right)/s_2-1$$
$$=(4500-50-2716.7)/200-1=7.67 \qquad （取 8 根）$$

② 二层：

柱根部加密区箍筋根数，按式（4-44）计算：

$$n_1=[\max(h_c,H_{in}/6,500)]/s_1+1$$
$$=[\max(750,3500/6,500)-50]/100+1=8.5 \qquad （取 9 根）$$

柱顶部箍筋加密区箍筋根数，按式（4-45）计算：

$$n_2=\max(h_c,H_{in}/6,500)/s_1+1$$
$$=\max(750,3500/6,500)/100+1=8.5 \qquad （取 9 根）$$

梁高范围加密区箍筋根数，按式（4-46）计算：

$$n_3=h_b/s_1=700/100=7.0 \qquad （取 7 根）$$

二层箍筋加密区总高度，按式（4-47）计算：

$$\sum l = \max(h_{\mathrm{c}}, H_{in}/6, 500) + \max(h_{\mathrm{c}}, H_{in}/6, 500) + b_{\mathrm{b}}$$
$$= 750 + 750 + 700 = 2200$$

非加密区箍筋根数，按式（4-48）计算：

$$n_4 = (H_1 - \sum l)/s_2 - 1 = (4200 - 2200)/200 - 1 = 9 \qquad （取 9 根）$$

2. 按计算器程序计算

（1）基础插筋长度计算

1）按 AC/ON 键打开计算器，按 MENU 键，进入主菜单界面；

2）按字母 B 键或数字 9 键，进入程序菜单；

3）找到计算基础插筋长度计算程序名：[J-CHAGL]，按 EXE 键；

4）按屏幕提示进行操作（见表 4-12），最后，得出计算结果。

【例题 4-2】附表（插筋长度计算）　　　　　　表 4-12

序号	屏幕显示	输入数据	计算结果	单位	说　明
1	$h=?$	900，EXE		mm	输入基础高度
2	$d=?$	25，EXE		mm	输入基础插筋直径
3	$d_1=?$	14，EXE		mm	输入基础底板钢筋网直径
4	$C=?$	30，EXE		mm	输入混凝土强度等级
5	$G=?$	2，EXE		mm	输入钢筋类别编号，HRB335 级输入数字
6	$I_a=?$	2，EXE		—	输入钢筋类型编号，肋形钢筋输入数字 2
7	α		0.14，EXE		输出锚固钢筋外形系数
8	$J=?$	1，EXE		—	输入结构抗震等级
9	$\zeta_{aE}=?$		1.15，EXE	—	输出钢筋抗震锚固长度修正系数
10	l_{ab}		734.3，EXE	mm	输出基础插筋基本锚固长度
11	l_{aE}		844.4，EXE	mm	输出基础插筋抗震锚固长度
12	a		375，EXE	mm	输出基础插筋水平锚固长度
13	h_{b}	700，EXE		mm	输入首层梁的高度
14	H_1	4500，EXE		mm	输入梁首层层高
15	l_{cd}		2474，EXE	mm	输出低位插筋长度（7 根）
16	l_{cg}		3349，EXE	mm	输出高位插筋长度（7 根）

（2）首层纵筋长度计算

1）按 AC/ON 键打开计算器，按 MENU 键，进入主菜单界面；

2）按字母 B 键或数字 9 键，进入程序菜单；

3）找到计算首层纵筋长度计算程序名：[J1-CHGL]，按 EXE 键；

4）按屏幕提示进行操作（见表 4-13），最后，得出计算结果。

【例题 4-2】附表（一层纵筋长度计算）　　　　　　表 4-13

序号	屏幕显示	输入数据	计算结果	单位	说　明
1	$H_2=?$	4200，EXE		mm	输入二层层高
2	$h_{\mathrm{c}}=?$	750，EXE		mm	输入首层柱的截面高度
3	$h_{\mathrm{b}}=?$	700，EXE		mm	输入首层梁的高度

续表

序号	屏幕显示	输入数据	计算结果	单位	说　明
4	$N=?$	3，EXE	—		输入确定二层柱根部非加密区高度的条件数量，共计3个，故输入3
5	$A_{ij}=?$	A，EXE	—		输入条件代码 A
6	$A_{ij}=?$	B，EXE	—		输入条件代码 B
7	$A_{ij}=?$	C，EXE	—		输入条件代码 C
8	S_2G_{max}		750，EXE	mm	输出第二层柱根部加密区高度
9	$H_1=?$	4500，EXE		mm	输入首层层高
10	S_1G_{max}		1267，EXE	mm	输出首层柱根部加密区高度
11	l_{1d}		3983，EXE	mm	输出首层低位纵筋长度（7根）

（3）二层纵筋长度计算

1）按 AC/ON 键打开计算器，按 MENU 键，进入主菜单界面；

2）按字母 B 键或数字 9 键，进入程序菜单；

3）找到计算二层纵筋长度计算程序名：［J2-CHGL］，按 EXE 键；

4）按屏幕提示进行操作（见表 4-14），最后，得出计算结果。

【例题 4-2】附表（二层纵筋长度计算） 表 4-14

序号	屏幕显示	输入数据	计算结果	单位	说　明
1	$H_3=?$	4200，EXE		mm	输首层层高
2	$h_c=?$	750，EXE		mm	输入柱的截面高度
3	$N=?$	3，EXE			输入确定第三层柱根部非加密区高度的条件数量，共计3个，故输入3
4	$A_{ij}=?$	A，EXE			输入条件代码 A
5	$A_{ij}=?$	B，EXE			输入条件代码 B
6	$A_{ij}=?$	C，EXE			输入条件代码 C
7	S_3G_{max}		750，EXE	mm	输出第三层柱根部非加密区高度
8	$H_2=?$	4200，EXE		mm	输入第二层层高
9	h_{c2}	750，EXE		mm	输入第二层柱根部非加密区高度
10	$N=?$	3，EXE		—	输入确定第二层柱根部非加密区高度的条件数量，共计3个，故输入3
11	$A_{ij}=?$	A，EXE		—	输入条件代码 A
12	$A_{ij}=?$	B，EXE		—	输入条件代码 B
13	$A_{ij}=?$	C，EXE		—	输入条件代码 C
14	S_2G_{max}		750，EXE	mm	输出第二层柱根部非加密区高度
15	l_{1d}		4200.	mm	输出第二层低位纵筋长度（7根）

（4）箍筋根数计算

1）基础箍筋根数（计算方法同例题 4-1，从略）

2）首层箍筋根数

① 按 AC/ON 键打开计算器，按 MENU 键，进入主菜单界面；

② 按字母 B 键或数字 9 键，进入程序菜单；

③ 找到计算箍筋长度程序名：[J1-GUJN]，按 EXE 键；

④ 按屏幕提示进行操作（见表 4-15），最后，得出计算结果。

【例题 4-2】附表（箍筋长度和根数计算）　　　　　　　表 4-15

序号	屏幕显示	输入数据	计算结果	单位	说　明
1	$h_b=?$	700，EXE		mm	输入首层梁的高度
2	H_1	4500，EXE		mm	输入首层层高
3	H_{1n}		3800，EXE	mm	输出首层净高
4	l_1		1286，EXE	mm	输出柱底箍筋加密区高度（编号 1）
5	$h_c=?$	750，EXE		mm	输入首层柱截面的高度
6	$N=?$	3，EXE		mm	输入确定二层柱根部非加密区高度的条件数量，共计 3 个，故输入 3
7	I		1	—	输出代码编号 1
8	$A_{ij}=?$	A，EXE		—	输入条件代码 A
9	I		2	—	输出代码编号 2
10	$A_{ij}=?$	B，EXE		—	输入条件代码 B
11	I		3	—	输出代码编号 3
12	$A_{ij}=?$	C，EXE		—	输入条件代码 C
13	l_2		750，EXE	mm	输出柱顶箍筋加密区高度（编号 2）
14	l_3		700，EXE	—	输出首层梁加密区高度（编号 3）
15	$d=?$	22，EXE		—	输入柱的纵筋直径
16	s_1	100，EXE		—	输入箍筋加密区间距
17	s_2	200，EXE		—	输入箍筋非加密区间距
18	n_1		13.2，EXE	—	输出柱根部加密区箍筋根数计算值
19	n_1	14，EXE		—	输入柱根部加密区箍筋根数选用值
20	n_2		8.5，EXE	—	输出柱顶部加密区箍筋根数计算值
21	n_2	9，EXE		—	输入柱顶部加密区箍筋根数选用值
22	n_3		7，EXE	—	输出梁加密区箍筋根数计算值
23	n_3	7，EXE		—	输入梁加密区箍筋根数选用值
24	n_4		7.7，EXE	—	输出柱中部非加密区箍筋根数计算值
25	n_4	8，EXE		—	输入柱中部非加密区箍筋根数选用值
26	$\sum n$		38		输出首层柱箍筋总根数

3）二层箍筋根数

① 按 AC/ON 键打开计算器，按 MENU 键，进入主菜单界面；

② 按字母 B 键或数字 9 键，进入程序菜单；

③ 找到计算二层箍筋根数程序名：[J2-GUJN]，按 EXE 键；

④ 按屏幕提示进行操作（见表 4-16），最后，得出计算结果。

【例题 4-2】附表（二层箍筋根数计算）   表 4-16

序号	屏幕显示	输入数据	计算结果	单位	说　明
1	$h_b=?$	700，EXE		mm	输入二层梁的高度
2	H_2	4200，EXE		mm	输入二层层高
3	H_{2n}		3500，EXE	mm	输出二层净高
4	$h_c=?$	750，EXE		mm	输入二层柱截面的高度
5	$N=?$	3，EXE		—	输入确定二层柱根部非加密区高度的条件数量，共计 3 个，故输入 3
6	$A_{ij}=?$	A，EXE			输入条件代码 A
7	$A_{ij}=?$	B，EXE			输入条件代码 B
8	$A_{ij}=?$	C，EXE			输入条件代码 C
9	l_1		750，EXE	mm	输出柱底箍筋加密区高度（编号 1）
10	l_2		750，EXE	mm	输出柱顶箍筋加密区高度（编号 2）
11	l_3		700，EXE	mm	输出二层梁加密区高度（编号 3）
12	$s_1=?$	100，EXE		mm	输入加密区箍筋间距
13	$s_2=?$	200，EXE		mm	输入非加密区箍筋间距
14	n_1		6.5，EXE	—	输出柱根加密区箍筋根数计算值
15	n_1	9，EXE		—	输入柱根部加密区箍筋根数选用值
16	n_2		8.5，EXE	—	输出柱顶加密区箍筋根数计算值
17	n_1	9，EXE		—	输入柱顶部加密区箍筋根数选用值
18	n_3		7，EXE	—	输出梁加密区箍筋根数计算值
19	n_3	7，EXE		—	输入梁加密区箍筋根数选用值
20	n_4		9，EXE	—	输出柱中部非加密区箍筋根数计算值
21	n_4	9，EXE		—	输出柱中部非加密区箍筋根数选用值
23	$\sum n$		34		输出二层柱箍筋总根数

4.5　计算程序

4.5.1　程序名［CHAGL］（基础插筋长度计算）

```
"h→W:
Prog"C20":
Prog"G":
"c"?→C:
Prog"M":
"d"?→D:
"d1"?→R:
"h1":(W-C-2R)→H
"lab":θ×(Y÷r)×D→List1[1]◢
```

"laE":List 1[3] × List 1[1]→List 1[4]◢

"a":6D→A

If A>150:Then

"a":A→List 2[1]

Else

"a":150→List 2[1]

If End

If List 1[4]≤H:Then

"a":List 2[1]◢

If End:

If List 1[4]>H:Then

"a":15D→List 2[1]◢

If End

"h_b":→r

"H_1":→List 2[2]:

"L_{cd}":List 2[1] + H + (List 2[2] − r) ÷ 3 + 1.4 × List 1[4]→List 2[3]◢

"L_{cg}":List 2[3] + 1.3 × 1.4 × List 1[4]◢

"l_{1E}":1.4 * List1[4]→List1[6]◢

"l_{ch}":List 1[7] + List 1[8] + List 1[5] + List 1[6]◢

4.5.2　程序名 [1CHGL]（首层钢筋长度计算）

"d"?→D:

Prog"C20":

Prog"G":

"H2"?→H:

"hc2"?→A:

"h_b2"?→Q:

"Hn2 ÷ 6":(H − Q) ÷ 6→B:

"500":500→C:

"N"?→N:

For 1→I To N:

"I":I◢

"Aij"?→List 1[I]:

Next:

List 1[1]→M:

For 2→I To N:

If M<List 1[I]:Then:

List 1[I]→M:

If End:

Next:

"S2Gmax":M→List 2[2]◢

"H1"?→H:

"S1Gmax":(H − Q)/3→List 1[2]◢

Prog"M":

"lab":$\theta \times (Y \div r) \times D \rightarrow$List 1[1]◢

"laE":List 1[3]$\times$List 1[1]$\rightarrow$List 1[4]◢

"L1d":H$-$List 1[2]$+$List 2[2]$+1.4\times$List 1[4]$\rightarrow$List 1[5]◢

4.5.3　程序名［2CHGL］（二层钢筋长度计算）

"d"?$\rightarrow$D:

Prog"C20":

Prog"G":

"H3"?$\rightarrow$H:

"hc"?$\rightarrow$A

"H//6":(H$-$A)/6$\rightarrow$B

"500":500$\rightarrow$C

"N"?$\rightarrow$N

For 1$\rightarrow$I To N

"I":I ◢

"Aij"?$\rightarrow$List 1[I]

Next

List 1[1]$\rightarrow$M

For 2$\rightarrow$I To N

If M$<$List 1[I]:Then

List 1[I]$\rightarrow$M

If End

Next

"S3Gmax":M$\rightarrow$List 3[2]◢

"H2"?$\rightarrow$H

"hc2"?$\rightarrow$A

"H//6":(H$-$A)/6$\rightarrow$B

"500":500$\rightarrow$C

"N"?$\rightarrow$N

For 1$\rightarrow$I To N

"I":I ◢

"Aij"?$\rightarrow$List 1[I]

Next

List 1[1]$\rightarrow$M

For 2$\rightarrow$I To N

If M$<$List 1[I]:Then

List 1[I]$\rightarrow$M

If End

Next

"S2Gmax":M$\rightarrow$List 2[2]◢

Prog"M":

"lab":$\theta \times (Y \div r) \times D \rightarrow$List 1[1]◢

```
"laE":List 1[3] × List 1[1]→List 1[4]◢
"l₂g":H − List 2[2] + List 3[2] + 1.4 × List 1[4]→List 1[5]◢
```

4.5.4　程序名：[3CHGL]（三层钢筋长度计算）

```
"d"?→D
Prog"C20"
Prog"G"
"H"?→H
"hc"?→A
"hb4"?→Z
"Hn//6":(H − Z)/6→B
"500":500→C
"N"?→N
For 1→I To N
"I":IDisps"Aij"?→List 1[I]
Next
List 1[1]→M
For 2→I To N
If M<List 1[I]:Then
List 1[I]→M
If End
Next
"S4Gmax":M→List 3[2]◢
s"H3"?→H
"hc3"?→A
"Hn//6":(H − A)/6→B
"500":500→C
"N"?→N
For 1→To N
"I":IDisps"Aij"?→List 1[I]
Next
List 1[1]→M
For 2→I To N
If M<List 1[I]:Then
List 1[I]→M
If End
Next
"S3Gmax":M→List 2[2]◢
Prog"M"
"lab":Theta ∗ (Y/<r>) ∗ D→List 1[1]◢
"laE":List 1[3] ∗ List 1[1]→List 1[4]◢
"L3g":H − List 2[2] + List 3[2] + 1.4 ∗ List 1[4]→List 1[5]◢
```

4.5.5　程序名［DCHGL］（顶层：外侧①号、三面内侧④号和直锚⑤号钢筋长度计算）

"NO1,. Steel. Bar"

"H_d"?$\rightarrow$H;

"h_c"?$\rightarrow$A;

"h_b"?$\rightarrow$E;

"c"?$\rightarrow$Z;

"d"?$\rightarrow$D;

"$h_c - C$":A $-$ Z$\rightarrow$F

"$h_b - C$":E $-$ Z$\rightarrow$W

"U":W $+$ F $+$ 30D$\rightarrow$U

"V":1. 5List 1[4]$\rightarrow$V ◢

If V$>$U:Then;

"l_{1d}":H $-$ List 3[2] $-$ E $+$ V$\rightarrow$O ◢

"l_{1g}":O $-$ 1. 3 $\times$ 1. 4 $\times$ List 1[4] ◢

Else;

"l_{1d}":H $-$ List 3[2] $-$ E $+$ U$\rightarrow$O ◢

"l_{1g}":O $-$ 1. 3 $\times$ 1. 4 $\times$ List 1[4] ◢

If End;

"OK1"

"NO4. Steel. Bar"

"l_{4d}":H $-$ List 3[2] $-$ E $+$ E $-$ Z $+$ 12 $*$ D$\rightarrow$X ◢

"l_{4g}":X $-$ 1. 3 $\times$ 1. 4 $\times$ List 1[4] ◢

If End;

"NO5. Steel. Bar"

If W$\geqslant$List 1[4]:Then;

"l_{5d}":H $-$ List 3[2] $-$ E $+$ E $-$ Z$\rightarrow$X ◢

"l_{5g}":X $-$ 1. 3 $*$ 1. 4List 1[4]◢

（注意：柱的各程序按以上列表顺序一起使用）

4.5.6　程序名：［GUJL］（箍筋长度计算）

"b"?$\rightarrow$B

"h"?$\rightarrow$H

"c"?$\rightarrow$C

"d"?$\rightarrow$D

"d1"?$\rightarrow\theta$

"N_x"?$\rightarrow$I

"ax":(B $-$ 2C $-$ 2θ $-$ D)/I$\rightarrow$S ◢

"nx"?$\rightarrow$N

"N_y"?$\rightarrow$J

"ay":(H $-$ 2C $-$ 2θ $-$ D)/J$\rightarrow$V ◢

"ny"?$\rightarrow$M

If $10\theta > 75$:Then $10\theta \to L$ ◢

Else $75 \to L$ ◢

If End

"L①":$(B-2C) * 2 + (H-2C) \times 2 + 1.9\theta \times 2 + 2L \to X$ ◢

"L②":$(SN+D+2Theta) \times 2 + (H-2C) \times 2 + 1.9\theta \times 2 + 2L \to Y$ ◢

"L③":$(VM+D+2Theta) \times 2 + (B-2C) \times 2 + 1.9\theta * 2 + 2L \to Z$

4.5.7　程序名：[0GUJN]（基础箍筋根数）

"h"?$\to H$

"t1"?$\to T$

"t2"?$\to U$

"s"?$\to S$

"n0":$(H-T-U) \div S + 1 \to N$ ◢

4.5.8　程序名：[1-GUJN]（首层箍筋根数）

"hb"?$\to W$

"H1"?$\to H$

"H1n":$H-W \to <r>$ ◢

"L1":$r \div 3 \to P$ ◢

"hc"?$\to A$

"r÷6":$r \div 6 \to B$

"500":$500 \to C$

"N"?$\to N$

For $1 \to I$ To N

"I":IDisps

"Aij"?$\to$ List 5[I]

Next

List 5[1]$\to M$

For $2 \to I$ To N

If $M <$ List 5[I]:Then

List 5[I]$\to M$

If End

Next

"S1Gmax":$M \to$ List 3[2]

"L2":List 3[2]$\to Q$ ◢

"L3":W ◢

"d"?$\to D$

Prog"G"

Prog"C20"

Prog"M"

"lab":$Theta * (Y \div r) \times D \to$ List1[1] ◢

"laE":List1[3]$\times$ List1[1]$\to$ List 1[4] ◢

```
"ρ"?→R
IfR≤25:Then
"ζₜ":1.2→X ◢
Else If R = 50:Then
"ζₜ":1.4→X ◢
If End
"LlE":XList 1[4]→θ
"L4":2.3 * θ→U ◢
"∑L":P + Q + W + U→L ◢
IfL>H:Then
"s1"?→S
"s2"?→V
"n":(H - 50) ÷ S + 1 ◢
Else
"n1":(P - 50) ÷ S + 1 ◢
"n2":Q ÷ S + 1 ◢
"n3":B ÷ S ◢
"n4":U ÷ S ◢
"n5":(H - L) ÷ V - 1
If End
```

4.5.9　程序名：[2、3-GUJN]（二、三层箍筋根数）

```
"hb"?→W
"H2"?→H
"H2n":H - W→r ◢
"hc"?→A
"r ÷ 6":r ÷ 6 - >B
"500":500→C
"N"?→N
For 1 - >I To N
"I":I ◢
"Aij"?→List 5[I]
Next
List 5[1]→M
For 2→I To N
If M<List 5[I]:Then
List 5[I]→M
If End
Next
"S1Gmax":M→List 3[2]
"L1":List 3[2]→P ◢
"L2":P→Q ◢
"L3":W ◢
```

Prog"G"

Prog"C20"

Prog"M"

"lab":Theta×(Y÷r)×D→List1[1]◢

"laE":List1[3]×List1[1]→List1[4]◢

"ρ"?→R

If R≤25:Then

"ζ_l:1.2→X ◢

Else If R=50:Then

"ζ_l":1.4→X ◢

If End

"L₁ₑ":XList 1[4]-→Theta

"L4":2.3×θTheta→U ◢

"$\sum$L":P+Q+W+U→L ◢

If L>H:Then

"s1"?→S

"n":H÷S+1 ◢

Else

"s2"?→V

"n1":P÷S+1 ◢

"n2":Q÷S+1 ◢

"n3":B÷S ◢

"n4":U÷S ◢

"n5":(H-L)÷V-1 ◢

If End

4.5.10　程序名 [J-CHAGL]（基础插筋长度—机械连接）

"h"?→H

"d"?→D

"d1"?→V

"h1":H-40-2V→Z ◢

Prog"C20"

Prog"G"

Prog"M"

"lab":Theta*(Y/<r>)*D→List 1[1]◢

"laE":List 1[3]*List 1[1]→List 1[4]◢

If Z<List 1[4]:Then

"a":15D→List 1[1]◢

Goto 1:

If End

If Z>=List 1[4]:Then

"a":6D→A

"a":150→B

If End

If A>B:Then

A->List 1[1]◢

Else B→List 1[1]◢

If End

Lbl 1:

"hb"?→<r>

"H1"?->H

"H1n/3":(H-<r>)÷3→List 1[2]

"L0d":List 1[1]+Z+List 1[2]→List 1[3]◢

"L0g":List 1[3]+35*D◢

4.5.11 程序名［J1-CHGL］（首层纵筋长度—机械连接）

"H2"?→H

"hc2"?→A

"hb2"?→Q

"Hn2//6":(H-Q)/6→B

"500":500→C

"N"?→N

For 1→I To N

"I":IDisps"Aij"?→List 1[I]

Next

List 1[1]→M

For 2→I To N

If M<List 1[I]:Then

List 1[I→M

If End

Next

"S2Gmax":M→List 2[2]◢

"H1"?->H

"S1Gmax":(H-Q)÷3→List 1[2]◢

"L1d":H-List 1[2]+List 2[2]→List 1[5]◢

4.5.12 程序名［J2-CHGL］（二层纵筋长度—机械连接）

"H3"?→H:

"hc"?→A:

"H//6":(H-A)/6→B:

"500":500→C:

"N"?→N:

For 1→I To N:

"I":I◢

"Aij"?→List 1[I]:

Next

List 1[1]→M:

For 2→I To N:

If M＜List 1[I]:Then List 1[I]→M

If End:

Next:

"S3Gmax":M→List 3[2]◢

"H2"?→H:

"hc2"?→A:

"H//6":(H－A)/6→B:

"500":500→C:

"N"?→N:

For 1→I To N:

"I":I◢

"Aij"?→List 1[I]

Next

List 1[1]→M

For 2→I To N

If M＜List 1[I]:Then

List 1[I→M

If End

Next

"S2Gmax":M→List 2[2]◢

"L1g":H－List 2[2]＋List 3[2]→List 1[5]

4.5.13　程序名［J1-GUJN］（一层箍筋根数—机械连接）

"hb"?→B

"H1"?→H

"H1n":H－B→＜r＞◢

"L1":r/3→P◢

"hc"?→A

"r/6":r/6→B

"500":500→C

"N"?→N

For 1→I To N

"I":I◢

"Aij"?→List 5[I]

Next

List 5[1]→M

For 2→I To N

If M＜List 5[I]:Then

List 5[I]→M

If End

Next

"S1Gmax":M→List 3[2]◢

"L2":List 3[2]→Q ◢

"L3":H−$<r>$ ◢

"d"?→D

"H1−50":H−50→W

"s1"?→S

"s2"?→V

"n1":(P−50)/S+1→List 1[1]◢

"n1"?→List 1[1]◢

"n2":Q/S+1→List 1[2]◢

"n2"?→List 1[2]◢

"n3":(H−r)/S→List 1[3]◢

"n3"?→List 1[3]◢

"∑l":H−P−Q−(H−r)→U

"n4":(U−50)/V−1→List 1[4]◢

"n4"?→List 1[4]◢

"∑n":List 1[1]+List 1[2]+List 1[3]+List 1[4]→N ◢

4.5.14　程序名［J2-GUJN］（2层箍筋根数—机械连接）

"hb"?→B

"H2"?→H

"H1n":H−B→r ◢

"hc"?→A

"r/6":r/6→B

"500":500→C

"N"?→N

For 1→I To N

"I":I ◢

"Aij"?→List 5[I]

Next

List 5[1]→M

For 2→I To N

If M<List 5[I]:Then

List 5[I]→M

If End

Next

"L1":M→List 3[2]◢

"L2":List 3[2]◢

"L3":H−r ◢

"∑L":2List 3[2]+H−r→L

"s1"?→S

"s2"?→V

"n1":List 3[2]/100 + 1→List 1[1]◢

"n1"?→List 1[1]◢

"n2":List 3[2]/100 + 1→List 1[2]◢

"n2"?→List 1[2]◢

"n3":(H − <r>)/100→List 1[3]◢

"n3"?→List 1[3]◢

"n4":(H − L)/200 − 1→List 1[4]◢

"n4"?→List 1[4]◢

"∑n":List 1[1] + List 1[2] + List 1[3] + List 1[4]→N ◢

"OK"

(The End)

第5章　混凝土板钢筋工程量的计算

5.1　单跨双向板

混凝土双向板是指四边支承的板，且长边与短边之比大于、等于 1，但小于 3 的板。即 $1 \leqslant l_y / l_x < 3$ 的板。双向板板底部两个方向的钢筋均为受力筋，因为板沿短边方向所受弯矩较大，故应将该方向的纵筋放在沿长边方向的纵筋下面，以获得较大的承载力。

5.1.1　单跨双向板的构造

单跨双向板钢筋在支座的锚固，参见图 5-1。

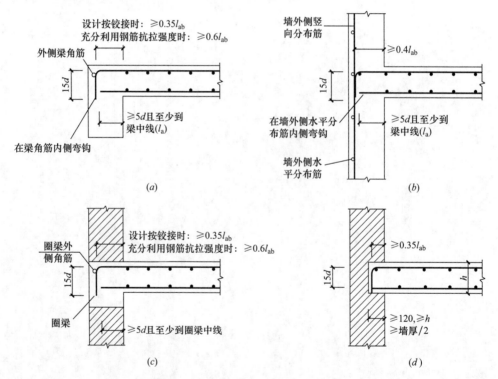

图 5-1　板在端支座的钢筋锚固构造

（a）端部支座为梁；（b）端部支座为剪力墙；（c）端部支座为圈梁；（d）端部支座为砌体墙

5.1.2　单跨双向板钢筋量的计算

1. 板沿 x 方向底部钢筋量计算（图 5-2）

（1）钢筋长度

以 HPB300 级钢筋为例，板沿 x 方向底部受力纵筋长度可按下式计算：

$$l_{dx} = l_{0x} - 0.5b_x \times 2 + 2a_x + 2 \times 6.25d_x \qquad (5\text{-}1)$$

式中　l_{dx}——板沿 x 方向底部受力纵筋长度；

　　　l_{0x}——板沿 x 方向的轴跨；

　　　d_x——沿 x 方向板底部受力纵筋直径；

　　　a_x——沿 x 方向板底部纵筋伸入支座的长度，对于混凝土梁、剪力墙和圈梁，取 $a_x =$ max $(5d, 0.5b_x)$；对于砌体墙，取 $a_x =$ max $(h, 0.5b_x, 120mm)$；

　　　b_x——板沿 x 方向的支座宽度。

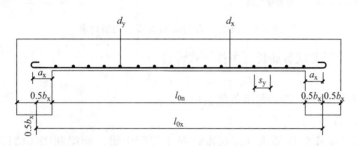

图 5-2　板沿 x 方向底部钢筋量计算

（2）钢筋根数

沿 x 方向底部钢筋的根数可按下式计算：

$$n_x = (l_{0y} - 0.5b_y - 0.5b_y - 2 \times 50)/s_x + 1 \qquad (5\text{-}2)$$

式中　l_{0y}——板沿 y 方向板的轴跨；

　　　b_y——板沿 y 方向梁的宽度；

　　　50——板沿 x 方向受力纵筋起步距离；

　　　s_x——板沿 x 方向受力纵筋间距。

2. 板沿 y 方向底部纵筋计算

（1）钢筋长度

板沿 y 方向底部纵筋长度可按下式计算：

$$l_{dy} = l_{0y} - 0.5b_y \times 2 + 2a_y + 2 \times 6.25d_y \qquad (5\text{-}3)$$

式中　l_{dy}——板沿 y 方向底部受力纵筋长度；

　　　l_{0y}——板沿 y 方向的轴跨；

　　　d_y——板沿 y 方向底部受力纵筋直径；

　　　a_y——板底部纵筋伸入支座的长度，对于混凝土梁、剪力墙和圈梁，取 $a_y =$ max $(5d_y, 0.5b_y)$；对于砌体墙，取 $a_y =$ max $(h, 0.5b_y, 120mm)$；

　　　b_y——板沿 y 方向的支座宽度。

（2）钢筋根数

板沿 y 方向底部纵筋的根数按下式计算：

$$n_y = (l_{0x} - 0.5b_x - 0.5b_x - 2 \times 50)/s_y + 1 \qquad (5\text{-}4)$$

　　　l_{0x}——板沿 x 方向的轴跨；

　　　b_x——板沿 x 方向的支座宽度；

　　　s_y——板沿 y 方向受力纵筋间距。

3. 板沿 x 方向端部支座负筋量计算（图 5-3）

（1）钢筋长度

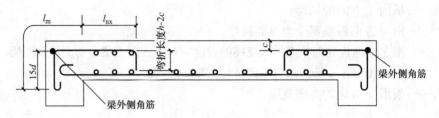

图 5-3 板沿 x 方向端部支座负筋量计算

板沿 x 方向端部支座负筋长度可按下式计算：

$$l_{fx} = l_m + l_{nx} + (h - 2c) \tag{5-5}$$

式中 l_{fx}——板沿 x 方向端部支座负筋长度；

h——板厚；

l_m——端部支座负筋锚入支座长度，对于混凝土梁、圈梁和砌体墙按下式计算：

$$l_m = \max(b_x - c + 15d_x + 6.25d, 0.35l_{ab} + 15d + 6.25d)^{❶} \tag{5-6}$$

对于剪力墙按下式计算：

$$l_m = \max(b_x - c + 15d + 6.25d, 0.4l_{ab} + 15d + 6.25d) \tag{5-7}$$

l_{nx}——沿 x 方向板端部支座负筋伸进板内净长；

c——梁的保护层厚度；

l_{ab}——受拉钢筋基本锚固长度。

（2）钢筋根数

板沿 x 方向端部支座负筋根数可按下式计算：

$$n_x = (l_{0y} - 0.5b_y \times 2 - 50 \times 2)/s_x \tag{5-8}$$

式中 l_{0y}——板沿 y 方向的轴跨。

b_y——板沿 y 方向的支座宽度。

s_x——板沿 x 方向负筋间距。

4. 沿 y 方向板端部支座负筋量计算

（1）钢筋长度

沿 y 方向板端部支座负筋长度可按下式计算：

$$l_{fy} = l_m + l_{ny} + (h - 2c) \tag{5-9}$$

式中 l_{fy}——板沿 y 方向端部支座负筋长度；

l_{ny}——板沿 y 方向端部支座负筋伸进板内净长；

h——板厚；

l_m——板端部负筋锚入支座长度，对于混凝土梁、圈梁和砌体墙按下式计算：

$$l_m = \max(b_y - c + 15d_y + 6.25d, 0.35l_{ab} + 15d + 6.25d) \tag{5-10}$$

对于剪力墙按下式计算：

$$l_m = \max(b_y - c + 15d + 6.25d, 0.4l_{ab} + 15d + 6.25d) \tag{5-11}$$

---

❶ 混凝土梁、圈梁作为板的端支座，一般均按铰接考虑，负筋按构造配置。按图集规定，故这里板的上部纵筋锚固长度取 $0.35l_{ab}$。对于混凝土梁、圈梁，若图纸设计人是按固端设计的，则式中 $0.35l_{ab}$ 应改为 $0.6l_{ab}$。

c——梁的保护层厚度；

l_{ab}——受拉钢筋基本锚固长度。

（2）钢筋根数

板沿 y 方向端部支座负筋根数按下式计算：

$$n_y = (l_{0x} - 0.5b_x \times 2 - 50 \times 2)/s_y + 1 \qquad (5\text{-}12)$$

s_y——板沿 y 方向受力纵筋间距。

其余符号与前相同。

5. 端部支座负筋沿 x 方向分布钢筋量的计算（图 5-4）

（1）钢筋长度

端部支座负筋沿 x 方向分布钢筋长度可按下式计算：

$$l_{fbx} = l_{0x} - l_{bx} \times 2 + 150 \times 2 \qquad (5\text{-}13)$$

式中　l_{0x}——板沿 x 方向的轴跨；

　　　l_{bx}——板沿 x 方向端部支座负筋标注长度；

　　　150——分布钢筋与受力筋的搭接长度（图 5-4）。

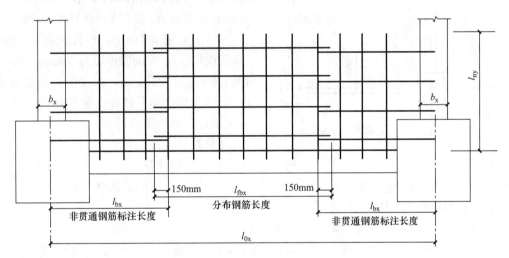

图 5-4　端部支座负筋分布钢筋长度和根数计算

（2）钢筋根数

端部支座负筋沿 x 方向分布钢筋根数可按下式计算：

$$n_x = (l_{ny} - 50)/s_0 + 1 \qquad (5\text{-}14)$$

式中　l_{ny}——端部支座负筋沿 y 方向伸进板内净长；

　　　50——起步钢筋距梁边缘距离；

　　　s_0——分布钢筋间距。

6. 板端部支座负筋沿 y 方向分布钢筋量计算

（1）钢筋长度

板端部支座负筋沿 y 方向分布钢筋长度可按下式计算：

$$l_{fby} = l_{0y} - l_{by} \times 2 + 150 \times 2 \qquad (5\text{-}15)$$

式中　l_{0y}——板沿 y 方向的轴跨；

l_{by}——沿 y 方向端部支座负筋标注长度；

150——分布钢筋与受力筋的搭接长度。

（2）钢筋根数

端部支座负筋沿 y 方向分布钢筋根数可按下式计算（①轴）：

$$n_y = (l_{nx} - 50)/s_0 + 1 \tag{5-16}$$

式中　l_{nx}——端部支座负筋沿 x 方向伸进板内净长。

5.1.3　计算实例

【例题 5-1】　现浇钢筋混凝土双向板，$l_x = 3600mm$，$l_y = 6000mm$，板厚 $h = 120mm$，梁的宽度 $b_x = b_y = 300mm$。混凝土强度等级为 C30，钢筋采用 HPB300 级钢筋。x 方向底部钢筋 $\overline{A}_{s1}$ 采用 $\phi10@100$；y 方向底部钢筋 $\overline{A}_{s2}$ 采用 $\phi10@150$。支座负筋 $\overline{A}_{sI} = \overline{A}_{sII}$ 采用 $\phi8@150$，标注长度 1000mm（从轴线算起）。梁的保护层为 20mm，板的保护层为 15mm（图 5-3），未注明分布筋为 $\phi8@250$（本例已知条件选自参考文献 [10]）。

试计算板的钢筋量。

【解】　1. 手工计算

（1）底筋计算

1）板沿 x 方向底部钢筋长度

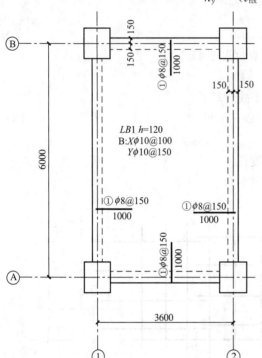

图 5-5　【例题 5-1】附图

板沿 x 方向底部受力纵筋长度按式（5-1）计算：

$$l_{dx} = l_{0x} - 0.5b_x \times 2 + 2a_x + 2 \times 6.25d_x$$
$$= 3600 - 0.5 \times 300 \times 2 + \max(5 \times 10, 0.5 \times 300) \times 2 + 6.25 \times 10 \times 2$$
$$= 3725mm$$

2）板沿 x 方向底部钢筋根数

板沿 x 方向底部钢筋的根数按式（5-2）计算：

$$n_x = (l_{0y} - 0.5b_y - 0.5b_y - 2 \times 50)/s_x + 1$$
$$= (6000 - 0.5 \times 300 - 0.5 \times 300 - 2 \times 50)/100 + 1$$
$$= 57 \text{ 根}$$

3）板沿 y 方向底部钢筋长度

板沿 y 方向底部受力纵筋长度按式（5-3）计算：

$$l_{dy} = l_{0y} - 0.5b_y \times 2 + 2a_y + 2 \times 6.25d_y$$
$$= 6000 - 0.5 \times 300 \times 2 + \max(5 \times 10, 0.5 \times 300) \times 2 + 6.25 \times 10 \times 2$$
$$= 6125mm$$

4）板沿 y 方向底部钢筋的根数

板沿 y 方向底部钢筋的根数按式（5-4）计算：

$$n_y = (l_{0x} - 0.5b_x - 0.5b_x - 2 \times 50)/s_y + 1$$
$$= (3600 - 0.5 \times 300 - 0.5 \times 300 - 2 \times 50)/150 + 1$$
$$= 22.33(取\ n_y = 23\ 根)$$

（2）负筋计算

1）板沿 x 方向端部支座负筋长度

由式（5-6）求得锚固长度[1]：

$$l_m = \max(b_x - c + 15d_x + 6.25d_x, 0.35l_{ab} + 15d_x + 6.25d_x)$$
$$= \max(300 - 20 + 15 \times 8 + 6.25 \times 8, 0.35 \times 30 \times 8 + 15d_x + 6.25 \times 8) = 450mm$$

板沿 x 方向端部支座负筋长度按式（5-5）计算：

$$l_{fx} = l_m + l_{nx} + (h - 2c) = 450 + 850 + 120 - 2 \times 15 = 1390mm$$

2）板沿 x 方向端部支座负筋根数

板沿 x 方向端部支座负筋根数按式（5-8）计算：

$$n_x = (l_{0y} - 0.5b_y \times 2 - 50 \times 2)/s_x =$$
$$= (6000 - 0.5b_y \times 2 - 50 \times 2)/150 + 1 = 38.33(取\ 39\ 根)$$

3）板沿 y 方向端部支座负筋长度

本例端部支座负筋沿 y 方向的布置，除布筋范围不同外，其他与 x 方向的完全相同。因此，其长度 $l_{ys} = l_{xs} = 1390mm$

4）板沿 y 方向端部支座负筋根数

板沿 y 方向端部支座负筋根数按式（5-12）计算：

$$n_y = (l_{0x} - 0.5b_x \times 2 - 50 \times 2)/s_y + 1$$
$$= (3600 - 0.5 \times 300 \times 2 - 50 \times 2)/150 + 1 = 22.33(取\ 23\ 根)$$

（3）分布筋

1）板端部支座负筋沿 x 方向分布筋长度

板端部支座负筋沿 x 方向分布筋长度按式（5-13）计算：

$$l_{fbx} = l_{0x} - 2l_{bx} + 150 \times 2$$
$$= 3600 - 1000 \times 2 + 150 \times 2 = 1900mm$$

2）板端部支座负筋沿 x 方向分布筋根数（A 轴）

板端部支座负筋沿 x 方向分布钢筋根数按式（5-14）计算：

$$n_x = (l_{ny} - 50)/s_0 + 1$$
$$= (850 - 50)/250 + 1 = 4.2\ 根(取\ 5\ 根)$$

3）板端部支座负筋沿 y 方向分布钢筋长度

板端部支座负筋沿 y 方向分布筋长度按式（5-15）计算：

$$l_{fby} = l_{0y} - l_{by} \times 2 + 150 \times 2$$
$$= 6000 - 1000 \times 2 + 150 \times 2 = 4300mm$$

4）板端部支座负筋沿 y 方向分布筋根数（①轴）

板端部支座负筋沿 y 方向分布钢筋根数按式（5-16）计算：

---

[1]　由于本题未给出梁的箍筋和角筋直径，负筋在支座内的水平段长度难以确定。为安全计，故按式（5-6）计算其锚固长度。

$$n_y = (l_{nx} - 50)/s_0 + 1$$
$$= (850 - 50)/250 + 1 = 4.2 根(取 5 根)$$

2. 按程序计算

（1）x 方向底筋计算

1）按 AC/ON 键打开计算器，按 MENU 键，进入主菜单界面；

2）按字母 B 键或数字 9 键，进入程序菜单；

3）找到计算单跨梁纵筋工程量的计算程序名：[1BAN～XD]，按 EXE 键；

4）按屏幕提示进行操作（见表 5-1），最后，得出计算结果。

【例题 5-1】附表（x 方向板底部纵筋长度和根数）   表 5-1

序号	屏幕显示	输入数据	计算结果	单位	说明
1	$I=?$	1，EXE		—	输入支座类型编号，混凝土梁输入 1
2	$l_{0x}=?$	3600，EXE		mm	输入板沿 x 方向的轴跨
3	$d_x=?$	10，EXE		mm	输入沿 x 方向的纵筋直径
4	$b_x=?$	300，EXE		mm	输入沿 x 方向支座宽度
5	a		150，EXE	mm	输出纵筋的伸入支座的长度
6	l_x		3725，EXE	mm	输出沿 x 方向的钢筋长度
7	l_{0y}	6000，EXE		mm	输入板沿 y 方向的轴跨
8	$qibuS$	50，EXE		mm	输入起步筋的距离
9	s_x	100，EXE		mm	输入沿 x 方向的纵筋间距
10	n_x		57，EXE	—	输出沿 x 方向的纵筋根数

（2）y 方向底筋计算

1）按 AC/ON 键打开计算器，按 MENU 键，进入主菜单界面；

2）按字母 B 键或数字 9 键，进入程序菜单；

3）找到计算单跨梁纵筋工程量的计算程序名：[1BAN～YD]，按 EXE 键；

4）按屏幕提示进行操作（见表 5-2），最后，得出计算结果。

【例题 5-1】附表（y 方向板底部纵筋长度和根数）   表 5-2

序号	屏幕显示	输入数据	计算结果	单位	说明
1	$I=?$	1，EXE		—	输入支座类型编号，混凝土梁输入 1
2	$l_{0y}=?$	6000，EXE		mm	输入板沿 y 方向的轴跨
3	$d_y=?$	10，EXE		mm	输入沿 y 方向的纵筋直径
4	b_y	300，EXE		mm	输入沿 y 方向支座宽度
5	a		150，EXE	mm	输出纵筋的伸入支座的长度
6	l_y		6125，EXE	mm	输出沿 y 方向的钢筋长度
7	$l_{0x}=$	3600，EXE		mm	输入板沿 x 方向的轴跨
8	$qibuS$	50，EXE		mm	输入起步筋的距离
9	s_y	150，EXE		mm	输入沿 y 方向的纵筋间距
10	n_y		22.33，EXE		输出沿 y 方向的纵筋根数，取 $n_y=23$

（3）x 方向负筋长度和根数计算

1）按 AC/ON 键打开计算器，按 MENU 键，进入主菜单界面；

2）按字母 B 键或数字 9 键，进入程序菜单；

3）找到计算单跨梁纵筋工程量的计算程序名：[1BAN～XFU]，按 EXE 键；

4）按屏幕提示进行操作（见表 5-3），最后，得出计算结果。

【例题 5-1】附表（沿 x 方向端支座负筋长度和根数）　　表 5-3

序号	屏幕显示	输入数据	计算结果	单位	说明
1	$b_x=?$	300，EXE		mm	输入沿 x 方向支座宽度
2	$C_L=?$	20，EXE		mm	输入梁的保护层厚度
3	$c_B=?$	15，EXE		mm	输入板的保护层厚度
4	$h=?$	120，EXE		mm	输入板的厚度
5	$d_x=?$	8，EXE		mm	输入沿 x 方向钢筋直径
6	$C=?$	30，EXE		—	输入混凝土强度等级
7	$G=?$	1，EXE		—	输入钢筋强度等级
8	$I_\alpha=?$	1，EXE		—	输入钢筋类别
9	α		0.16	—	输出锚固钢筋外形系数
10	J	1，EXE		—	输入结构抗震等级
11	$R=?$	1000，EXE		mm	输入负筋标注长度
12	l_{fx}		1390，EXE	mm	输出负筋长度
13	$L_{0y}=?$	6000，EXE		mm	输入板沿 y 方向的轴跨
14	$S=?$	150，EXE		mm	输入负筋间距
15	n_x		38.33	—	输出沿 x 方向钢筋根数，取 39 根

（4）y 方向负筋长度和根数计算

1）按 AC/ON 键打开计算器，按 MENU 键，进入主菜单界面；

2）按字母 B 键或数字 9 键，进入程序菜单；

3）找到计算单跨梁纵筋工程量的计算程序名：[1BAN～YFU]，按 EXE 键；

4）按屏幕提示进行操作（见表 5-4），最后，得出计算结果。

【例题 5-1】附表（沿 y 方向端支座负筋长度和根数）　　表 5-4

序号	屏幕显示	输入数据	计算结果	单位	说明
1	$b_y=?$	300，EXE		mm	输入沿 y 方向支座宽度
2	$C_L=?$	20，EXE		mm	输入梁的保护层厚度
3	$c_B=?$	15，EXE		mm	输入板的保护层厚度
4	$h=?$	120，EXE		mm	输入板的厚度
5	$d_y=?$	8，EXE		mm	输入沿 y 方向钢筋直径
6	$C=?$	30，EXE		—	输入混凝土强度等级
7	$G=?$	1，EXE		—	输入钢筋强度等级
8	$I_\alpha=?$	1，EXE		—	输入钢筋类别
9	J	1，EXE		—	输入结构抗震等级
10	l_{ab}		241，7，EXE	mm	输出基本锚固长度
11	$R=?$	1000，EXE		mm	输入负筋标注长度
12	l_{fx}		1390，EXE	mm	输出负筋长度
13	$L_{0x}=?$	3600，EXE		mm	输入板沿 x 方向的轴跨

序号	屏幕显示	输入数据	计算结果	单位	说明
14	$s_y=?$	150，EXE		mm	输入负筋沿 y 方向间距
15	n_x		22.33	—	输出沿 y 方向钢筋根数，取 23 根

（5）端部支座负筋沿 x 方向分布筋长度和根数计算

1）按 AC/ON 键打开计算器，按 MENU 键，进入主菜单界面；

2）按字母 B 键或数字 9 键，进入程序菜单；

3）找到计算单跨梁纵筋工程量的计算程序名：[1BAN～XFEN]，按 EXE 键；

4）按屏幕提示进行操作（见表 5-5），最后，得出计算结果。

【例题 5-1】附表（端部负筋沿 x 方向分布筋长度和根数） **表 5-5**

序号	屏幕显示	输入数据	计算结果	单位	说明
1	$L_{0x}=?$	3600，EXE		mm	输入板沿 x 方向轴跨
2	$a_x=?$	150，EXE		mm	输入 x 方向梁的 1/2 宽度
3	$s=?$	250，EXE		mm	输入板的分布筋间距
4	$L_{bx}=?$	1000，EXE		mm	输入 x 方向负筋标注长度
5	$L_{fx}=?$		1900，EXE	mm	输出沿 x 方向分布筋长度
6	$n_x=?$		4.2，EXE	—	输出沿 x 方向分布筋根数，取 5 根

（6）端部支座负筋沿 y 方向分布筋长度和根数计算

1）按 AC/ON 键打开计算器，按 MENU 键，进入主菜单界面；

2）按字母 B 键或数字 9 键，进入程序菜单；

3）找到计算单跨梁纵筋工程量的计算程序名：[1BAN～YFEN]，按 EXE 键；

4）按屏幕提示进行操作（见表 5-6），最后，得出计算结果。

【例题 5-1】附表（端部负筋沿 y 方向分布筋长度和根数） **表 5-6**

序号	屏幕显示	输入数据	计算结果	单位	说明
1	$L_{0y}=?$	6000，EXE		mm	输入板沿 y 方向轴跨
2	$a_y=?$	150，EXE		mm	输入 y 方向梁的 1/2 宽度
3	$s=?$	250，EXE		mm	输入板的分布筋间距
4	$L_{by}=?$	1000，EXE		mm	输入 y 方向负筋标注长度
5	$L_{fy}=?$		4300，EXE	mm	输出沿 y 方向分布筋长度
6	n_x		4.2	—	输出沿 y 方向分布筋根数，取 5 根

5.1.4 计算程序

1. 程序名 [1BAN-D]（板沿 x、y 方向下部钢筋长度和根数计算）

```
"I"?→I:

Lbl4:

"L0x(y)"?→X:

If I = 1:Then:

Goto 1:

Else If I = 2:Then
```

```
Goto 2:
Lbl 1:
"dx(y)"?→D:
"bx(y)"?→B
"a1":5D:
"a2":0.5B
IfEnd:
If 5D→0.5B:Then:
"a":5D→List 2[2]◢
Else:
"a":0.5B→List 2[2]◢
IfEnd:
Goto 3:
"OK1"
Lbl 2:
"h"?→H:
"a1":H→A:
"a2":0.5B→E:
"a3":120→C:
"N"?→N:
For 1→I To N:
"I":IDisps"Aij"?→List 1[I]:
Next:
List 1[1→M
For 2→I To N
If M<List 1[I]:Then:
List 1[I]→M:
IfEnd:
Next:
"a.max":M→List 2[2]◢
Lbl 3:
"Lx(y)d":(X−0.5B−0.5B)+2×List 2[2]+6.25D×2→List 3[1]◢
"OK2"
"L0y(x)"? →Y
"qibuS"?→<r>
"sx(y)"? →S
"nx(y)":(Y−0.5B−0.5B−2×r)/S+1→List 3[2]◢
"OK3"
Goto4:
```

2. 程序名 [1BAN-FU]（楼板沿 x、y 方向支座负筋长度和根数计算）

```
"bx(y)"?→B
"CL"?→U:
"cb"?→V
```

"h"?→H

"dx(y)"?→D:

Prog "C20":

Prog "G":

Prog "M"

"lab":Theta $*$ (Y/r)$\times$D→List1[1]◢

"P":B$-$U$+$15D$+$6.25D→P ◢

"Q":0.35$*$List 1[1]$+$15D$+$6.25D→Q ◢

If P$>$Q:Then:

P→List 1[2]◢

Else:

Q→List 1[2]

IfEnd:

"l_b"?→R

"Lnx":R$-$0.5B→T

"Lfx":List 1[2]$+$T$+$H$-$2V→List 1[3]◢

"L0y(x)?→L

"S"?→S

"$nx(y)$":(L-0.5b$\times$2-50$\times$2)/s$+$1

3. 程序名 [1BAN-FEN]（楼板支座负筋沿 x、y 方向分布筋长度和根数计算）

"L0x(y)"?→L

"ax(y)"?→A

"s"?→S

"Lbx(y)"? →B

"Lfx(y)":(L-B$\times$2$+$150$\times$2)→List 1[5]◢

"nx":(B$-$A$-$50)/S$+$1

5.2 双跨双向板

5.2.1 双跨双向板的构造

双跨双向板的构造参见图 5-6。

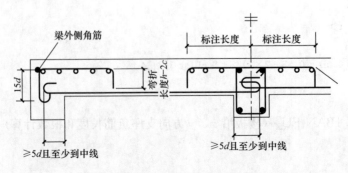

图 5-6 板在端支座的钢筋构造

5.2.2　双跨双向板钢筋量的计算

双跨双向板底面纵筋、周边支座负筋量及其分布筋计算与单跨板的相同。下面介绍中间支座负筋和分布筋量的计算。

1. 板沿 x 方向负筋量的计算

（1）钢筋长度

现仍以 HPB300 级钢筋为例，说明中间支座沿 x 方向负筋长度的计算方法（图 5-6）。由图中可见，沿 x 方向负筋长度可按下式计算

$$l_{fx} = l_{sh} + (h - 2c) \times 2 \tag{5-17}$$

式中　l_{fx}——x 方向负筋长度；

l_{sh}——负筋水平段长度；

h——板厚；

c——板的混凝土保护层。

（2）钢筋根数

钢筋根数可按下式计算：

$$n_x = (l_{0y} - 0.5 b_y \times 2 - 50 \times 2)/s_x + 1 \tag{5-18}$$

式中　l_{0y}——板沿 y 方向轴跨；

b_y——沿 y 方向支座的宽度；

s_x——负筋沿 x 方向间距。

2. 负筋沿 y 方向分布筋量的计算

（1）分布筋长度

分布筋长度可按式（5-19）计算：

$$l_{fy} = (l_{0y} - l_{by} \times 2) + 150 \times 2 \tag{5-19}$$

式中　l_{by}——负筋标注长度。

（2）分布筋根数

梁的一侧分布筋根数可按下式计算：

$$n_{y1} = (l_{sh} - b_x)/(2 s_0) \tag{5-20}$$

分布筋根数　　　　　　　　　$n_y = 2 \times n_{y1}$

5.2.3　计算实例

【例题 5-2】　现浇钢筋混凝土楼盖，板的长边 $l_y = 6000\text{mm}$，短边 $l_x = 3600\text{mm}$，板厚 $h = 120\text{mm}$，梁宽 $b = 300\text{mm}$。混凝土强度等级为 C30，钢筋采用 HPB300 级钢筋。x 方向底部钢筋 $\overline{A}_{s1}$ 为 $\phi10@100$；y 方向底部钢筋 $\overline{A}_{s2}$ 采用 $\phi10@150$。支座负筋 $\overline{A}_{s1} = \overline{A}'_{s1} = \overline{A}_{s11} = \overline{A}'_{s11}$ 采用 $\phi8@150$，标注长度 1000mm（从轴线算起）（图 5-7）。梁的保护层为 20mm，板的保护层为 15mm，未注明分布筋为 $\phi8@250$（本例题已知条件选自参考文献 [10]）。

试计算钢筋量。

【解】　1. 手工计算

因为双跨双向板底面纵筋和周边支座负筋量计算与单跨板的相同。现仅介绍中间支座负筋及其分布筋量的计算。

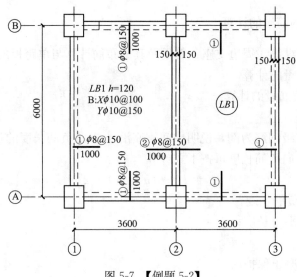

图 5-7 【例题 5-2】

（1）中间支座负筋量计算

1）负筋长度

负筋长度按式（5-17）计算：

$$l_{fx} = l_{sh} + (h - 2c) \times 2 = 1000 \times 2 + (120 - 2 \times 15) \times 2 = 2180 \text{mm}$$

2）负筋根数

负筋根数按式（5-18）计算：

$$n_x = (l_{0y} - 0.5b_y \times 2 - 50 \times 2)/s_x + 1$$
$$= (6000 - 0.5 \times 300 \times 2 - 50 \times 2)/150 + 1 = 38.33 \text{ 根（取 39 根）}$$

（2）负筋沿 y 方向的分布筋量的计算

1）分布筋长度

分布筋长度可按式（5-19）计算：

$$l_{fy} = (l_{0y} - l_{by} \times 2) + 150 \times 2$$
$$= (6000 - 1000 \times 2) + 150 \times 2 = 4300 \text{mm}$$

2）分布筋根数

梁的一侧分布筋根数可按式（5-20）计算：

$$n_y = (l_{sh} - b_x)/(2s_0) = (2000 - 300)/(2 \times 250) = 3.40 \text{ 根（取 4 根）}$$

分布筋总根数　　　　　$n_y = 2n_{y1} = 2 \times 4 = 8 \text{ 根}$。

2. 按程序计算

（1）中间支座 x 方向负筋计算（长度和根数）

1）按 AC/ON 键打开计算器，按 MENU 键，进入主菜单界面；

2）按字母 B 键或数字 9 键，进入程序菜单；

3）找到计算双跨板纵筋工程量的计算程序名：［2BAN～FU］，按 EXE 键；

4）按屏幕提示进行操作（见表 5-7），最后，得出计算结果。

【例题 5-2】附表（沿 x 方向中间支座负筋长度和根数）　　　表 5-7

序号	屏幕显示	输入数据	计算结果	单位	说明
1	$L_{sh}=?$	2000，EXE		mm	输入负筋水平长度
2	$h=?$	120，EXE		mm	输入板的厚度
3	$c_B=?$	15，EXE		mm	输入板的保护层厚度
4	L_{fx}		2180，EXE	mm	输出沿 x 方向负筋长度
5	$L_{0y}=?$	6000，EXE		mm	输入板沿 y 方向的轴跨
6	$B=?$	300，EXE		mm	输入梁的宽度
7	$S=?$	150，EXE		mm	输入负筋间距
8	n_x		38.33	—	输出沿 x 方向钢筋根数，取 39 根

（2）中间支座负筋沿 y 方向分布筋计算（长度和根数）

1）按 AC/ON 键打开计算器，按 MENU 键，进入主菜单界面；

2）按字母 B 键或数字 9 键，进入程序菜单；

3）找到计算双跨梁纵筋工程量的计算程序名：[2BAN～FUF]，按 EXE 键；

4）按屏幕提示进行操作（见表 5-8），最后，得出计算结果。

【例题 5-2】附表（中间支座负筋沿 y 方向分布筋长度和根数）　　　表 5-8

序号	屏幕显示	输入数据	计算结果	单位	说明
1	$L_{0y}=?$	6000，EXE		mm	输入板沿 y 方向的轴跨
2	$l_{by}=?$	1000，EXE		mm	输入负筋标注长度
3	L_{fy}		4300，EXE	mm	输出 y 方向分布筋长度
4	$L_{sh}=?$	2000，EXE		mm	输入负筋水平长度
5	$B=?$	300，EXE		mm	输入梁的宽度
6	$S=?$	250，EXE		mm	输入分布筋间距
7	n_{y1}		3.40，EXE	—	输出梁一侧分布筋根数
8	$n_{y1}=?$	4，EXE		—	输入选用根数
9	n_y		.8	—	输出沿分布筋总根数

5.2.4　计算程序

1. 文件名 [2BAN-FU]（中间支座负筋长度有根数）

```
"Lsh"?→L
"h"?→H
"c"?->C
"Lfx":L+(H-C)*2→List 1[1]◢
"L0y"?→L
"B"?→B
"s"?→S
"nx":(L-0.5B×2-50×2)/S+1→List 1[2]◢
```

2. 文件名 [2BAN-FUF]（中间支座负筋分布筋长度有根数）

```
"L0y"?→L
"Lby"?→C
```

"Lfy":L-C ∗ 2 + 150 ∗ 2→List 1[1]◢

"OK"

"Lsh"?→L

"B"?→B

"s"?-→S

"n_{y1}":(L-B)/(2 ∗ S) →List 1[2]◢

"n_y" :2 × List 1[2]

5.3   三跨双向板

5.3.1   三跨双向板的构造

三跨双向板的构造参见图 5-8。

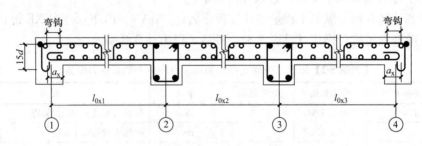

图 5-8   三跨双向务板的剖面图

5.3.2   三跨双向板钢筋量的计算

三跨楼盖沿 y 方向底部纵筋和周边、中间支座负筋量的计算与单、双跨双向板的相同。由于三跨板楼盖沿 x 方向总长度一般超过工地可能提供的钢筋长度（通常为 8m），所以，下面仅介绍三跨板楼盖沿 x 方向底面纵筋工程量的计算。

三跨板楼盖沿 x 方向底面纵筋构造可采用两种方案：即钢筋伸入中间支座和在跨中搭接方案（图 5-8）。我们认为，将纵筋伸入中间支座方案优于跨中搭接方案。因为前者受力安全可靠、便于施工。因此，这一方案在结构设计中广泛被采用。

1. 板沿 x 方向底筋量的计算（图 5-8）

（1）钢筋长度

底筋长度分两段设置：第 I 段跨越两跨（①—②跨、②—③跨）；第 2 段跨越一跨（③—④跨）。

第 I 段：

$$l_{xdI} = l_{0xI} - 0.5b_x \times 2 + 2a_x + 2 \times 6.25d_x \tag{5-21a}$$

式中 l_{xdI}——沿 x 方向第 1 段底部受力纵筋长度；

l_{0xI}——板沿 x 方向 AB 跨和 BC 跨轴跨之和；

d_x——板沿 x 方向底部受力纵筋直径；

a_x——底部纵筋伸入支座的长度，对于混凝土梁、剪力墙和圈梁，取 a_x＝max（5d，

$0.5b_x$）；对于砌体墙，取 $a_x = \max\ (h,\ 0.5b_x,\ 120\text{mm})$；

b_x——板沿 x 方向的支座宽度。

第Ⅱ段：

$$l_{xdⅡ} = l_{0x3} - 0.5b_x \times 2 + 2a_x + 2 \times 6.25d_x \tag{5-21b}$$

（2）钢筋根数

显然，沿 x 方向第 1 段和第 2 段底部钢筋的根数相同，每段根数可按下式计算：

$$n_{xⅠ} = n_{xⅡ} = (l_{0y} - 0.5b_y - 0.5b_y - 2 \times 50)/s_x + 1 \tag{5-22}$$

式中 l_{0y}——板沿 y 方向板的轴跨；

b_y——板沿 y 方向支座宽度；

50——板沿 x 方向受力纵筋起步距离；

s_x——板沿 x 方向受力纵筋间距。

2. 分布筋量计算（参见 5.2.2）

5.3.3 计算实例

【例题 5-3】 现浇钢筋混凝土楼盖，楼盖沿 x 方向尺寸 $3l_x = 3 \times 3600 = 7200\text{mm}$，沿 y 方向尺寸 $l_y = 6000\text{mm}$，板厚 $h = 120\text{mm}$。梁宽 $b = 300\text{mm}$。混凝土强度等级为 C30，钢筋采用 HPB300 级钢筋。x 方向底部钢筋 $\overline{A}_{s1}$ 为 $\phi10@100$；y 方向底部钢筋 $\overline{A}_{s2}$ 采用 $\phi10@150$。支座负筋 $\overline{A}_{sⅠ} = \overline{A}_{sⅡ}$ 采用 $\phi8@150$，标注长度 1000mm（从轴线算起）（图 5-9）。梁的保护层为 20mm，板的保护层为 15mm，未注明分布筋为 $\phi8@250$（本例题已知条件选自参考文献 [10]）。

试计算楼盖沿 x 方向底面纵筋量钢筋量。

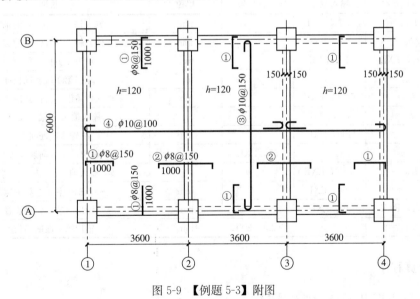

图 5-9 【例题 5-3】附图

【解】 1. 手工计算

底筋长度分两段设置：其中一段跨越两跨（①—②跨、②—③跨）；另一段跨越一跨（③—④跨）。

1）底筋长度计算

第Ⅰ段底筋长度，按式（5-21a）计算：

$$l_{xdⅠ} = l_{0xⅠ} - 0.5b_x \times 2 + 2a_x + 2 \times 6.25d_x$$
$$= 7200 - 0.5 \times 300 \times 2 + \max(5 \times 10, 0.5 \times 300) \times 2 + 2 \times 6.25 \times 10$$
$$= 7325mm$$

第Ⅱ段底筋长度，按式（5-21b）计算：

$$l_{xdⅡ} = l_{0x3} - 0.5b_x \times 2 + 2a_x + 2 \times 6.25d_x$$
$$= 3600 - 0.5 \times 300 \times 2 + \max(5 \times 10, 0.5 \times 300) \times 2 + 2 \times 6.25 \times 10$$
$$= 3725mm$$

2）钢筋根数

沿 x 方向第Ⅰ段和第Ⅱ段底部钢筋的根数相同，每段根数可按式（5-22）计算：

$$n_{xⅠ} = n_{xⅡ} = (l_{0y} - 0.5b_y - 0.5b_y - 2 \times 50)/s_x + 1$$
$$= (6000 - 0.5 \times 300 - 0.5 \times 300 - 2 \times 50)/100 + 1$$
$$= 57 \text{ 根}$$

2. 按程序计算（x 方向底筋长度和根数）

1）按 AC/ON 键打开计算器，按 MENU 键，进入主菜单界面；

2）按字母 B 键或数字 9 键，进入程序菜单；

3）找到计算双跨板纵筋工程量的计算程序名：［3BAN～XD］，按 EXE 键；

4）按屏幕提示进行操作（见表 5-9），最后，得出计算结果。

【例题 5-3】附表（三层楼盖第 1 段底部筋长度和根数）　　　　　　表 5-9

序号	屏幕显示	输入数据	计算结果	单位	说明
1	$L_{0x1}=?$	7200，EXE		mm	输入轴①、③之间的轴跨
2	$b_x=?$	300，EXE		mm	输入轴①和轴③梁的宽度
3	d_x，EXE	10，EXE		mm	输出 x 方向钢筋直径
4	$L_{xdⅠ}=?$		7325，EXE	mm	输出第 1 段底筋长度
5	$L_{oy}=?$	6000，EXE		mm	输入楼盖沿 y 方向的短边长度
6	$b_y=?$	300，EXE		—	输入轴 A 和轴 B 梁宽度
7	$s_x=?$	100，EXE		mm	输入底筋间距
8	n_x		57，EXE	—	输出沿 x 方向底筋根数
9	$L_{0x3}=?$	3600，EXE		—	输入轴③、④间的轴跨
10	$b_x=?$	300，EXE		mm	输入轴①和轴③梁的宽度
	d_x，EXE	10，EXE		mm	输出 x 方向钢筋直径
	$L_{xdⅡ}=?$		3725，EXE	mm	输出第 2 段底筋长度

5.3.4 计算程序

. 文件名［3BAN-D]（三跨板长度有根数）

"L0xⅠ"?→L

"bx"?→B

"dx"?→D

If 5D＞0.5B

```
Then
5D→List 1[1]◢
Else
0.5B→List 1[1]◢
IfEnd
"Lxd Ⅰ":L-0.5B*2+2List 1[1]+2×6.25D ◢
"OK1!"
"Loy"?→L
"by"?→B
"sx"?→S
"nx":(L-0.5B×2-2×50)/S+1 ◢
"OK2!"
"L0x3"?→L
"bx"?→B
"dx"?→D
If 5D>0.5B
Then
5D→List 1[1]◢
Else
0.5B→List 1[1]◢
IfEnd
"Lxd Ⅱ":L-0.5B×2+2List 1[1]+2*6.25D ◢
"OK3!"
```

第6章 板式楼梯钢筋工程量的计算

6.1 板式楼梯的构造

6.1.1 板式楼梯的构造

1. AT型板式楼梯平法平面施工图

AT型板式楼梯是指楼梯梁间的矩形梯板全部由踏步段构成，即踏步段支承在两端的楼梯梁上。双跑板式楼梯平法施工图参见图6-1。

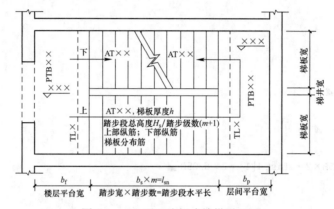

图6-1 AT型双跑板式楼梯平面图

b_f—楼层平台宽；b_s—踏步宽；m—踏步数；l_{sn}—踏步段水平长；b_p—层间平台宽

2. AT型板式楼梯的配筋与构造

AT型板式楼梯的配筋与构造参见图6-2。

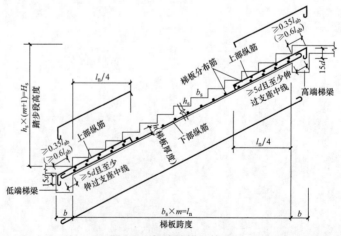

图6-2 板式楼梯的构造

l_n—踏步板的净跨；h—踏步板厚度；b_s—踏步宽度；h_s—踏步高度；H_s—楼梯段高度；
m—踏步数；b—楼梯梁宽度；d—钢筋直径；l_{ab}—受拉钢筋基本锚固长度

6.2　板式楼梯钢筋量的计算

6.2.1　板的底部受力纵筋量计算（图 5-2）

1. 钢筋长度

现以 HPB300 级钢筋为例，板底部受力纵筋长度可按下式计算：

$$l_\mathrm{d} = l_\mathrm{n} \div \cos\alpha + \max(5d, 0.5b) \times 2 + 2 \times 6.25d \times 2 \tag{6-1}$$

式中　l_n——踏步板的净跨，$l_\mathrm{n} = b_\mathrm{s} \times m$。

α——踏步板与水平线的夹角，$\alpha = \tan^{-1}\dfrac{h_\mathrm{s}}{b_\mathrm{s}}$。

2. 钢筋根数

板底部受力纵筋根数可按下式计算：

$$n_\mathrm{d} = (B_\mathrm{n} - 2c)/s_\mathrm{d} + 1 \tag{6-2}$$

式中　B_n——楼梯单跑净宽；

c——混凝土保护层厚度；

s_d——板底部受力纵筋间距。

6.2.2　板底部受力纵筋的分布筋量计算（图 5-2）

1. 分布筋长度

分布筋长度可按下式计算：

$$l_\mathrm{df} = B_\mathrm{n} - 2c \tag{6-3}$$

2. 分布筋根数

分布根数可按下式计算：

$$n_\mathrm{df} = (l_\mathrm{n}/\cos\alpha)/s_0 + 1 \tag{6-4}$$

式中　s_0——分布筋间距。

6.2.3　板的负筋量计算（图 5-2）

1. 负筋长度

现仍以 HPB300 级钢筋为例，板的负筋长度可按下式计算：

$$l_\mathrm{f} = \frac{1}{4}l_\mathrm{n} \div \cos\alpha + (0.35l_\mathrm{ab} + 15d \quad \text{or} \quad 0.6l_\mathrm{ab} + 15d) + h - 2c + 6.25d \times 2❶ \tag{6-5}$$

式中　l_n——踏步板的净跨，$l_\mathrm{n} = b_\mathrm{s} \times m$。

α——踏步板与水平线的夹角，$\alpha = \tan^{-1}\dfrac{h_\mathrm{s}}{b_\mathrm{s}}$。

2. 负筋根数

$$n_\mathrm{f} = (B_\mathrm{n} - 2c) \div s_\mathrm{f} + 1 \tag{6-6}$$

式中　s_f——负筋间距。

---

❶　式（6-5）中负筋锚固长度 $0.35l_\mathrm{ab}$ 用于梯板支座设计按铰接的情况；$0.60l_\mathrm{ab}$ 用于设计充分发挥钢筋抗拉强度的情况。

6.2.4 板负筋的分布筋量计算（图5-2）

1. 分布筋长度

分布筋长度可按下式计算：

$$l_{ff} = B_n - 2c \tag{6-7}$$

2. 分布筋根数

板的分布筋根数可按下式计算：

$$n_{ff} = \left(\frac{1}{4}l_n / \cos\alpha\right) \div s_0 + 1 \tag{6-8}$$

6.3　计　算　实　例

【例题 6-1】　现浇钢筋混凝土板式楼梯，各部分尺寸参见图6-3。踏步板厚度 $h = 120\text{mm}$，踏步宽度 $b_s = 280\text{mm}$，踏步高度 $h_s = 150\text{mm}$，楼梯梁宽度 $b = 300\text{mm}$。板底部受力纵筋 $\phi12@125$，负筋 $\phi10@170$，分布筋 $\phi8@280$。混凝土强度等级为 C20，保护层厚度 $c = 20\text{mm}$，结构抗震等级为一级（本例题已知条件选自参考文献 [9]）。

试计算楼梯跑的钢筋量。

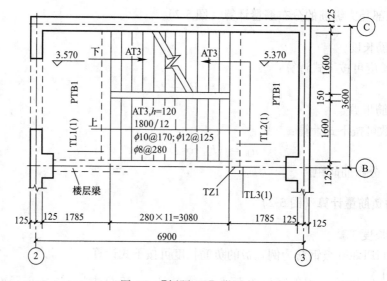

图 6-3 【例题 6-1】附图之一

1. 手工计算

（1）板的底部受力纵筋量计算（图6-1）

1）钢筋长度

$$\alpha = \tan^{-1}\frac{h_s}{b_s} = \tan^{-1}\frac{150}{280} = 28^*.179', \qquad \cos28^*.179' = 0.881$$

板底部受力纵筋长度按式（6-1）计算：

$$l_d = l_n / \cos\alpha + \max(5d, 0.5b) \times 2 + 6.25d \times 2$$
$$= 3080/0.881 + 0.5 \times 300 \times 2 + 6.25 \times 12 \times 2 = 3944\text{mm}$$

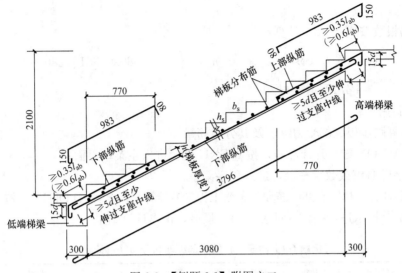

图 6-3　【例题 6-1】附图之二

2）钢筋根数

板底部受力纵筋根数可按式（6-2）计算：

$$n_d = (B_n - 2c)/s_d + 1$$
$$= (1600 - 2 \times 20)/125 + 1 = 13.48(取 14 根)$$

（2）板底部受力纵筋的分布筋量计算

1）分布筋长度

分布筋长度按式（6-3）计算：

$$l_{df} = B_n - 2c = 1600 - 2 \times 20 = 1560 \text{mm}$$

2）分布筋根数

分布筋根数按式（6-4）计算：

$$n_{df} = (l_n/\cos\alpha)/s_0 + 1 = (3080/0.881)/280 + 1 = 13.49(取 14 根)$$

（3）板的负筋量计算（图 6-3）

1）负筋长度

板的负筋长度按式（6-5）计算：

$$l_f = \frac{1}{4} l_n/\cos\alpha + (0.35l_{ab} + 15d \text{ or } 0.6l_{ab} + 15d) + h - 2c + 6.25d$$

$$= \frac{1}{4} \times 3080/0.881 + 0.35 \times 31 \times 10 + 15 \times 10 + 120 - 2 \times 20 + 6.25 \times 10$$

$$= 1275 \text{mm}$$

2）负筋根数

负筋根数按式（6-6）计算：

$$n_f = (B_n - 2c)/s_f + 1 = (1600 - 2 \times 20)/170 + 1 = 10.18(取 11 根)$$

（4）板负筋的分布筋量计算（图 6-3）

1）分布筋长度

分布筋长度按式（6-7）计算：

$$l_{ff} = (B_n - 2c) = 1600 - 2 \times 20 = 1560 \text{mm}$$

2）分布筋根数

分布筋根数按式（6-8）计算：

$$n_{ff} = \left(\frac{1}{4}l_n/\cos\alpha\right)/s_0 + 1 = n_d = \left(\frac{1}{4} \div 3080/0.881\right)/280 + 1$$

$$= 4.12(取 5 根)$$

2. 按程序计算

（1）计算踏步板底部受力纵筋及其分布筋量

1）按 AC/ON 键打开计算器，按 MENU 键，进入主菜单界面；

2）按字母 B 键或数字 9 键，进入程序菜单；

3）找到计算楼梯跑底部纵筋和分布筋工程量的计算程序名：[1LOUTI]，按 EXE 键；

4）按屏幕提示进行操作（见表 6-1），最后，得出计算结果。

【例题 6-1】附表（板的底部纵筋和分布筋量计算）　　　　表 6-1

序号	屏幕显示	输入数据	计算结果	单位	说明
1	$h=?$	120，EXE		mm	输入踏步板厚度
2	$b_s=?$	280，EXE		mm	输入踏步宽度
3	$h_s=?$	150，EXE		mm	输入踏步高度
4	$b=?$	300，EXE		mm	输入楼梯梁宽度
5	$c=?$	20，EXE		mm	输入混凝土保护层厚度
6	α		28.18，EXE	mm	输出踏步板与水平线的夹角
7	$l_n=?$	3080，EXE		mm	输入踏步板的净跨
8	$d=?$	12，EXE		mm	输入踏步板底部受力纵筋直径
9	$s=?$	125，EXE		mm	输入纵筋间距
10	$B_n=?$	1600，EXE		mm	输入踏步板净宽
11	l_d		3944，EXE	mm	输出底部纵筋长度
12	n_d		13.48，EXE	—	输出底部纵筋根数，取 $n_d=14$
13	l_{df}		1560，EXE	mm	输出分布筋长度
14	s_f	280，EXE		mm	输入分布筋间距
15	n_{df}		13.47	—	输出分布筋根数，取 $n_{df}=14$

（2）计算踏步板底负筋及其分布筋工程量

1）按 AC/ON 键打开计算器，按 MENU 键，进入主菜单界面；

2）按字母 B 键或数字 9 键，进入程序菜单；

3）找到计算楼梯跑负筋及其分布筋工程量的计算程序名：[21LOUT]，按 EXE 键；

4）按屏幕提示进行操作（见表 6-2），最后，得出计算结果。

【例题 6-1】附表（板的负筋及其分布筋工程量计算）　　　　表 6-2

序号	屏幕显示	输入数据	计算结果	单位	说明
1	$h=?$	120，EXE		mm	输入板的厚度
2	$b_s=?$	280，EXE		mm	输入楼梯踏步宽度
3	$h_s=?$	150，EXE		mm	输入楼梯踏步高度
4	$b=?$	300，EXE		mm	输入楼梯梁宽度

序号	屏幕显示	输入数据	计算结果	单位	说明
5	$c=?$	20，EXE		mm	输出楼梯混凝土保护层厚度
6	α		$28°.18'$，EXE	mm	输出踏步板倾角
7	$l_n=?$	3080，EXE		mm	输入踏步板的轴跨
8	$d_f=?$	10，EXE		mm	输入踏步板负筋直径
9	$B_n=?$	1600，EXE		—	输入踏步板净宽
10	l_a	1，EXE		—	输入锚固钢筋的外形系数
11	α		0.16，EXE	—	输出锚固负载的外形系数
12	$J=?$	1，EXE		—	输入结构抗震等级
13	l_{ab}		302.1，EXE	mm	输出受拉钢筋的基本锚固长度
14	$k=?$	1，EXE		—	踏步板两端支座嵌固情况，铰支输入 1
15	$s_f=?$	170，EXE		mm	输入负筋间距
16	l_f		1272，EXE	mm	输出负筋长度
17	$s_{ff}=?$	280，EXE		mm	输入负筋的分布筋间距
18	n_f		10.17，EXE	—	输出负筋根数，取 $n_f=11$
19	l_{ff}		1560，EXE	mm	输出负筋的分布筋长度
20	n_{ff}		4.12，EXE	—	输出负筋的分布筋根数，取 $n_{ff}=5$

6.4　计 算 程 序

6.4.1　程序名［1-LOUTI］（用于计算踏步板底部受力纵筋及其分布筋工程量）

```
"h"?→H
"bs"?→I
"hs"?→J Else 0.5B→List 1[1]
"b"?→B
"c"?→C
"α":tan⁻¹(J/I)→A ◢
"cosα":cos A
"Ln"?→N
"d"?→D
"S"?→S
"Bn"?→E
If 5D>0.5B:Then
5D→List 1[1]
IfEnd
"Ld":(N÷cos A)＋2×List 1[1]＋6.25D×2 ◢
"nd":(E－2C)/S＋1 ◢
"Ldf":E－2CDisps ◢
"Sf"?→θ
"ndf":(N/cos A)÷θ＋1 ◢
```

"OK1"

6.4.2　程序名 [2-LOUTI]（用于计算踏步板负筋及其分布筋工程量）

"h"?→H

"bs"?→I

"hs"?→J

"b"?→B

"c"?→C

"α":$\tan^{-1}(J \div I)$→A ◢

"cosα":cos A

"Ln"?→N

"df"?→D

"Bn"?→E

Prog "MM"

"lab":Tθ * (Y $\div$ r) $\times$ D→List 1[1]◢

"k"?→K

If K = 1:Then

0.35 $\times$ List 1[1] →List 1[3]

Else

0.6 * List 1[1] →List 1[3]

IfEnd

"sf"?→S

"Lf":0.25 $\times$ N $\div$ (cos A) + List 1[3] + 15D + H − 2C + 6.25 $\times$ D ◢

"Sff"?→V

"nf":(E − 2C) $\div$ S + 1 ◢

"Lff":E − 2CDisps ◢

"nff":0.25 * N/(cos A)/V + 1 ◢

"OK1"

第7章　fx-CG20计算器介绍和编程方法[1]

7.1　fx-CG20 计算器简介

fx-CG20 计算器是一款可编程序的工程计算器。所用算法语言类似于 BASIC 语言，其表达式写法更接近普通数学公式。对变量不需加以说明即可在程序中应用。因此，它的程序简单、易学，便于调试。

fx-CG20 计算器具有 61kB 主内存，16MB 存储器内存，可满足建筑结构基本构件、地基基础和建筑施工技术计算的要求。输入已知数据采取人机对话方式，计算准确、快捷。这款计算器还有剪切、复制和粘贴功能。可设置密码，避免误操作使程序意外被删除。计算器之间，计算器与计算机之间可传输数据，并可打印。编程时矩阵可直接赋值、连续进行＋、－、×、转置、求逆运算（最大阶数达 999×999）。因此，这款计算器进行矩阵计算比计算机更加方便。

fx-CG20 计算器除可用英文大写 26 个字母、小写字母 r 和希腊字母 θ 表示变量外，还可采用 List n [m]（其中 n，m 分别取≤26 和≤999 的正整数）作为变量。提示符可用大、小写英文字母、希腊字母和俄文字母表示，并可带下标，编写和识读十分方便。

fx-CG20 计算器还有体积小，轻便、便于携带，价格便宜等优点，不失为学习编程的好工具。

7.2　fx-CG20 计算器基本操作

7.2.1　开机和关机

fx-CG20 开机，在计算器面板上：按【AC/on】键即可。关机，则需先按【SHIFT】键，再按【AC/on】（OFF）键，屏幕上短暂显示 "CASIO" 字样后关机（图 7-1）。

7.2.2　操作键

由于编程计算器功能较多，而计算器的尺寸又受到限制，面板上不可能设置很多按键，一般采取一键多用的方法来加以解决。例如，【sin】键它除表示 sin 外，还可表示 $\sin^{-1}$ 和英文大写字母 D。若先按【SHIFT】键（黄色），再按【sin】键，则显示 $\sin^{-1}$；若先按【ALPHA】（红色）键，再按【sin】键，则显示英文大写字母 D。一般地，即按【SHIFT】键，再按任一键，则显示该键的左上角的黄色字符；按【ALPHA】键，再按任一键，则显示该键右上角的红色字符。按键名称及其排列见图 7-2。

---

[1]　本书编程方法和计算内容也适用于 fx-9750GⅡ型编程计算器。

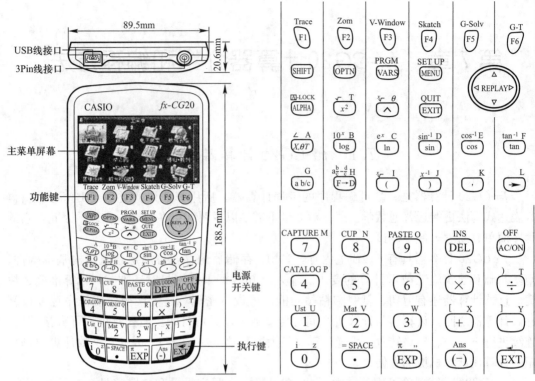

图 7-1 计算器面板上的按键布置　　图 7-2 按键名称和排列

【SHIFT】键和【ALPHA】键称为设置键。

7.2.3 光标移动键

光标移动键位于面板右上角标有"REPLAY"的圆形盘内，其功能是将光标在已编程序文字间移动，以进行操作。按动其中的三角形，光标将按三角形的指向移动。例如，按▲光标将向上移动，按▼光标则向下移动。

7.2.4 功能键

位于面板第一行键【F1】、【F2】、…、【F6】，即为功能键。它们的功能是，访问显示屏底部菜单栏中的菜单和命令。

7.3　*fx-CG20* 计算器计算模式和基本设置

7.3.1 计算模式

根据不同的计算任务，*fx-CG20* 计算器设置了 14 种计算模式，并以图标的形式和数字或字母在屏幕上显示，我们把它称为主菜单（MAIN MENU），见表 7-1。

下面说明如何选择主菜单中的图标，进入所需要的计算模式：

（1）按下【MENU】键，显示主菜单。

（2）使用光标键（（◀）（▶）（▲）（▼））选取所需要的图标，按下【EXE】键，进入该计算模式；

计算模式图标名称和功能 表 7-1

图标	模式名称	描述
RUN.MAT	RUN·MAT（运行·矩阵）	使用此模式进行算术运算与函数运算，以及进行有关二进制、八进制、十进制与十六进制数值和矩阵的计算
STAT	STAT（统计）	使用此模式进行单变量（标准差）与双变量（回归）统计计算、测试、分析数据并绘制统计图形
GRAPH	GRAPH	使用此模式存储图形函数并利用这些函数绘制图形
DYNA	DYNA（动态图形）	使用此模式存储图形函数并通过改变代入函数中变量的数值绘制一个图形的多种形式
TABLE	TABLE	使用此模式存储函数，生成具有不同解（随着代入函数变量的值改变而改变）的数值表格，并绘制图形
RECUR	RECUR（递归）	使用此模式存储递推公式，生成具有不同解（随着代入函数变量的值改变而改变）的数值表格，并绘制图形
CONICS	CONICS	使用此模式，可绘制圆锥曲线图形
EQUA	EQUA（方程）	使用此模式，可求解带有 2～6 个未知数的线性方程以及 2～6 次的高阶方程
PRGM	PRGM（程序）	使用此模式，可将程序存储在程序区并运行程序
TVM	TVM（财力）	使用此模式，可进行财务计算并绘制现金流量与其他类型的图形
E-CON2	E-CON2	使用此模式，可控制选配的 EA-200 数据分析仪。关于 E-CON2 模式的详情，请从以下网站下载 E-CON2 手册（英语版本）：http://edu.casio.com
LINK	LINK	使用此模式，可将存储内容或者备份数据传输至另一台设备或 PC 机
MEMORY	MEMORY	使用此模式，可管理存储在存储中的数据
SYSTEM	SYSTEM	使用此模式，可初始化存储器、调节对比度和进行其他系统设置

（3）也可直接按图标右下角的数字 1～9 或字母 A～E（这时显示大写字母不需按设置键【ALPHA】），进入该计算模式。例如，若拟进入算术和函数运算模式（RUN-MAT），则按数字键 1，即可进入该模式；若拟进入编程模式（PRGM），进行编程，则按字母键 B，即可进入该模式，等等。

7.3.2 基本设置

1. 小数位数设置

（1）进入主菜单，按数字键 1，进入算术和函数运算模式（RUN-MAT）。

（2）按【SHIFT】键，再按【MENU】（SETUP）键，进入"输入/输出（Mode）"界面。

（3）移动光标至"显示"行，按屏幕底部功能键 F1，在屏幕出现对话框："位数（Fix）[0~9]"。根据拟设定的小数位数，按相应的数字键。例如，设定的小数点后的位数为 5 位，则按标有数字 5 的数字键。

（4）按【EXE】键，即可完成小数位数的设置。

7.3.3　角度设置

（1）进入算术和函数运算模式（RUN-MAT）。

（2）按【SHIFT】键，再按【MENU】（SETUP）键，进入"输入/输出"界面。

（3）移动光标至"角度"（Angle）行，根据拟设定的角度单位，按屏幕底部相应的功能键。

（4）按【EXE】键，即可完成角度的设置。

7.4　变量、运算符与表达式

7.4.1　变量

变量是程序运行过程中用来保存临时数据的内存空间，程序通过变量名来操作变量。每个变量有一定的作用范围（即生效范围）和占用一定字节的内存空间。

fx-CG20 计算器提供了 A~Z、r、θ28 个字母作为变量名，用来表示数学计算公式中的符号。这对简单的程序而言，28 个字母是够用的，但对较复杂的程序来说就有困难了。因此，fx-CG20 计算器又提供了符号 List n（m）作变量名。它称为列表或串列，其中 n 的取值范围：1~26；m 的取值范围：1~999❶。

7.4.2　运算符

运算符分为算术运算符、关系运算符和逻辑运算符。fx-CG20 计算器提供的算术运算符有：＋、－、×、÷、∧（幂运算）；关系运算符有：＝，≠，＜，＞，≤，≥；逻辑运算符有："与"运算符 And；"或"运算符 Or；"非"运算符 Not。

算术运算符、关系运算符意义十分清楚，现仅将逻辑运算符意义简述如下：

1. 语句格式：＜条件 1＞And＜条件 1＞，表示 2 个条件同时成立，则为真（True）。

2. 语句格式：＜条件 1＞Or＜条件 2＞，表示 2 个条件只要有 1 个成立，即为真（True）。

3. 语句格式：＜条件＞Not，表示条件为假（False）时，则为真（True）。

逻辑运算符 And、Or 和 Not，在程序编辑状态下，可按功能键【OPTN】、【F6】、【F6】和【F4】，便可在屏幕上显示出来，按相应的功能键即可调出，插入程序中。

---

❶　关于 List n（m）的意义和用法见 7-6。

7.4.3 表达式

表达式是指用运算符连接运算量形成的式子。表达式运算的最后结果称为表达式的值。虽然表达式与数学模型的代数式十分相似，但也有许多不同之处。例如，把数值 3 赋给变量 B，变量 B 在其作用域内若没有新的数值赋予它，则 B 的值始终保持是 3；又如，$I+1 \rightarrow I$ 的含义是把变量的原来的值加上数 1 之后，再赋给变量 I，变量 I 取得了新值，它比原来的值大 1。

表达式的运算顺序和普通代数的规定相同，即先运算 ×、÷，后运算 +、-。这表明，×、÷ 运算符比 +、- 运算符优先，即前者的优先级别高于后者。在优先级相同（例如只有算术运算符 +、- 或只有 ×、÷）的情况下，表达式的运算顺序是从左至右依次计算的。括号内的数值运算总是优先于括号外的运算。在 fx-CG20 计算器程序中的表达式只能用圆括号，当有多层圆括号时，一定要注意左右两半个括号成对出现，否则会给出错误的结果，而且不容易被发现。变量除以几个变量的乘积时，注意后者要全部用括号括起来；例如 $AB \div (XYZ)$，以免产生歧义，使计算器给出错误的结果。

7.5 计算器的编程语言

程序是人们事先编写好的语句序列，计算器按照一定的顺序执行这些语句，并完成全部计算。

下面介绍 fx-CG20 计算器提供的常用语句。现将它们的功能和语句格式叙述如下：

7.5.1 输入语句

在工程计算中，已知条件，例如荷载、截面尺寸、材料强度等，都要代入计算公式中，最后才能算出结果。在编写程序时，也要把这些已知条件，以变量的形式事先输入到程序中。这一步骤就是由输入语句来完成的。

例如，已知三角形底边为 b，高度为 h，求三角形面积 A 的计算程序中，输入语句为：

$$"b =" ? \rightarrow B : "h =" ? \rightarrow H :$$

在这个输入语句组中，共包含两个输入语句，它们之间用冒号 ":" 隔开，":" 称为语句分隔符或连接符。箭头 "→" 称为赋值符，而 "? →" 则表示要把多大的数值赋给变量 B 和 H。因为箭头后面的变量 B 和 H 在屏幕上不能显示，所以当计算器运行到输入语句，屏幕上出现 "?" 时，就不知为哪个变量赋值，为了解决这个问题，在 "?" 前面设置了提示符 "$b=$" 和 "$h=$"，而它们可以在屏幕上显示。这样一来，有了提示符就可知道向哪个变量赋值了。

这样，计算器执行程序运行到输入语句时，屏幕上就会出现 $b=?$，用户就可输入 b 的已知值，然后按 EXE 键运行。随后，屏幕又出现 $h=?$，输入 h 的已知值，再按执行键 EXE。至此，就完成了全部输入语句的操作。

输入语句的语句格式：

"提示符"? →<变量>："提示符"? →<变量>：

输入符号 "?" 应在 PROG 模式下进行。按【SHIFT】键、【VARS】键（PRGM），再按【F4】键，就可输入 "?"；输入赋值符 "→"，直接按面板上的【→】键，就可输入。

7.5.2　输出语句

输出语句的语句格式为：

<语句>◢<语句>

它的功能是使程序暂停执行，并显示显示符"◢"前面的表达式的计算结果。按 EXE 键计算器继续执行后面的语句。程序最后的一个表达式不必设置显示符"◢"，它能自动地显示计算结果。

为了检查、调试程序，编程时常常将关键的计算结果显示出来，以判断程序正确与否。当程序通过后，再将这些结果后面的显示符"◢"删除。只保留需要输出结果后面的显示符。

输入显示符"◢"应在 PROG 模式下进行。按【SHIFT】键、【VARS】键（PRGM），再按【F5】键就可输入。

7.5.3　赋值语句

赋值语句是指把一个表达式（常数、变量和函数是表达式的特例）的计算结果（数值）赋给一个变量。这个变量的原来的值被覆盖，不复存在，而得到一个新的值。下面是一个赋值语句的例子。

设三角形底边为 b，高度为 h，则三角形面积为。

$$A = \frac{1}{2}bh \tag{7-1}$$

现把它写成赋值语句：

$$0.5BH \to A \tag{7-2}$$

式中"$\to$"为赋值符，在它左边的式子是计算三角形面积的表达式，其计算结果就是三角形的面积值。"$\to A$"的含义是把计算结果赋给右边的变量 A。

赋值语句的语句格式：

<表达式>→<变量>

上面我们已经学习了输入语句、输出语句和赋值语句。现在，可以编写一个简单的计算程序了，说明程序的编写方法和如何把它输入到计算器内，以及用计算器中的程序计算过程。

【例题 7-1】　已知三角形底边为 b，高度为 h。（1）试编写计算三角形面积 A 的程序；（2）计算 $b=4$，$h=5$ 的三角形面积。

1. 编写程序

程序名：[A]

"$b=$"? →B：$h=$"? →H：

"$A=$"：0.5BH→A

（说明：这个程序包含两个语句：输入语句和赋值语句。注意：赋值语句的提示符与表达式之间须设置冒号"："，不可遗漏，否则计算器将提醒用户："语法错误!"）

2. 程序输入

（1）程序名的输入

1）按"MENU"进入主菜单；

2）移动光标到"程序"图标处，按 EXE 键，进入程序列表界面，再按 F3 键（新建），进入在程序名界面；

3）在程序名方括号内输入程序名：[A]，然后按 EXE 键，屏幕显示输入程序界面；

（2）输入计算三角形面积程序，然后，按 EXIT 键，退回到程序列表。

（注：输入英文小写字母 b 的方法是：按【ALPHA】键、【F5】（$A{\leftrightarrow}a$），再按【B】键即可）

3. 运行程序

（1）按"MENU"进入主菜单；

（2）按字母键【B】进入程序菜单；

（3）移动光标，从程序菜单中找到计算三角形面积程序 A，按 EXE 键；

（4）按计算器屏幕提示，输入已知数据，并操用，计算器输出结果（见表 7-2）。

【例题 7-1】附表　　　　　　　　　　　　　　　表 7-2

序号	屏幕显示	输入数据	计算结果	单位	说明
1	$b=?$	4，EXE		m	输入三角形底边尺寸
2	$h=?$	5，EXE		m	输入三角形高度尺寸
3	A		10	m^2	输出三角形面积值

7.5.4　If 条件语句

*fx-CG*20 计算器提供三种不同格式的条件语句：

1. 格式 1

（1）语句格式：

If<条件>：Then<语句块>：IfEnd

（2）语句功能：

这一语句的含义是：若条件表达式成立（结果为 True），则执行 Then 后面的语句块，若条件不成立（结果为 False），则执行 IfEnd 后面的语句。其流程图如图 7-3 所示。

其中"条件"是指条件表达式；语句块是指由一条或多条语句组成的语句集合。各语句之间用分隔符"："、换行符"↵"或显示符"◢"隔开。

条件表达式中的关系运算符（也称比较运算符）有：＝，≠，＜，＞，≤，≥6 种。

（3）语句输入：

在程序编辑状态下，按【SHIFT】、【VARS】（PRGM）和【F1】键（命令），在屏幕下端将显示出条件语句：If Then IfEnd。按相应的功能键，即可将它们输入到程序中。

在输入条件表达式时，常会遇到关系运算符的输入问题，它的输入方法是：

在程序编辑状态下，按【SHIFT】、【VARS】（PRGM）键，和功能键【F6】（翻页），再按功能键【F3】，在屏幕下端将显示出关系运算符，按相应的功能键，即可将其输入到程序中。

【例题 7-2】　某城市自来水厂水费收费标准如表 7-3 所示。

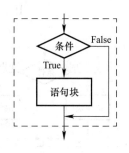

图 7-3　条件语句格式 1 流程图

【例题 7-2】附表（水费收费标准） 表 7-3

居民分挡水量	户年用水量 V（m³）	水价（元）
第 1 阶梯	≤120	5.00
第 2 阶梯	121~176	7.00
第 3 阶梯	>176	9.00

（1）试编写水费计算程序；（2）设某户一年用水量为 48m³，求应付多少水费。

【解】

（1）编写计算程序

不同条件下，水费收费标准不同。本题水费数值 Y 可以应用条件语句编写。

程序名：[SHUIFEI1]

"V"?→V：

If V≤120：Then "Y"：V×5→Y ◢

IfEnd：

If V>120 And V≤176：Then "Y"：120×5 + (V-120)×7→Y ◢

IfEnd：

If V>176：Then "Y"：120×5 + (176 − 120)×7 + (V-176)×9→Y ◢

IfEnd：

（说明：这个计算水费程序是由 3 个独立的格式 1 条件语句所组成的。可算出居民分担水量的费用。）

（2）计算应付水费

1）按 AC/ON 键打开计算器，按 MENU 键，进入主菜单界面；

2）按字母 B 键或数字 9 键，进入程序菜单；

3）找到计算水费程序名：[SHUIFEI1]，按 EXE 键；

4）按屏幕提示进行操作（见表 7-4），最后，得出计算结果。

【例题 7-2】附表 表 7-4

序号	屏幕显示	输入数据	计算结果	单位	说明
1	V＝？	48，EXE		m³	输入用水量
2	Y		240	元	输出水费

2. 格式 2

（1）语句格式

If<条件>：Then<语句块 1>：Else<语句块 2>IfEnd：

（2）语句功能：

这一语句的含义是：若条件成立，则执行 Then 后面的语句块 1，否则（即条件不成立）执行 Else 后面的语句块 2。其流程图如图 7-4 所示。

（3）语句输入：

在程序编辑状态下，按【SHIFT】、【VARS】（PRGM）和【F1】键，在屏幕下端将显示出条件语句：If Then Else IfEnd。按相应的功能键，即可将它们输入到程序中。

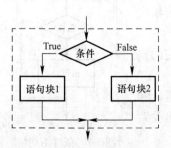

图 7-4　条件语句格式 2 流程图

【例题 7-3】　某房屋墙下钢筋混凝土条形基础，外墙基础宽度为 1800mm，内墙基础宽度为 2500mm。受力钢筋采用 HPB300 级钢筋，直径 $d=14$mm。混凝土保护层厚度为 40mm。

（1）试编写钢筋混凝土条形基础底板受力钢筋长度计算程序；（2）根据已知条件按计算程序计算底板受力钢筋下料长度。

【解】

（1）数学模型

根据《建筑地基基础设计规范》规定，钢筋混凝土条形基础宽度 $b \geqslant 2500$mm 时，底板受力钢筋长度可取基础宽度的 0.9 倍，并交错布置。

这样，内墙基础底板受力钢筋下料长度应为：

$$l_0 = b - 2c + 6.25d \times 2 \tag{7-3}$$

外墙基础底板受力钢筋下料长度应为：

$$l_0 = b \times 0.9 + 6.25d \times 2 \tag{7-4}$$

式中　l_0——底板受力钢筋下料长度（mm）；

　　　d——底板受力钢筋直径（mm）；

　　　c——混凝土保护层厚度（mm）。

（2）编写计算程序

程序名：〔TJGL〕

"c"?→C

Lbl 1:

"b"?→B:"d"?→D:

If B<2500:Then

"l_0":B－2C＋6.25D×2→L ◢

Else

"l_0": B×0.9＋6.25D×2→L ◢

IfEnd:

Goto 1:❶

（3）按程度计算

1）按 AC/ON 键打开计算器，按 MENU 键，进入主菜单界面；

2）按字母 B 键或数字 9 键，进入程序菜单；

3）找到计算条形基础钢筋长度程序名：〔TJGL〕，按 EXE 键；

4）按屏幕提示进行操作（见表 7-5），最后，得出计算结果。

【例题 7-3】附表　　　　　　　　　　　　　　　表 7-5

序号	屏幕显示	输入数据	计算结果	单位	说明
1	$c=?$	40，EXE		mm	输入基础混凝土保护层厚度
2	$d=?$	14，EXE		mm	输入外墙基础受力钢筋直径
3	$b=?$	1800，EXE		mm	输入外墙基础宽度

❶　关于转移语句：Goto 1；…Lbl 1 的详细内容见 7.5.5。

续表

序号	屏幕显示	输入数据	计算结果	单位	说明
4	l_0		1895，EXE	mm	输出外墙基础受力钢筋长度
5	$d=?$	14，EXE		mm	输入内墙基础受力钢筋直径
6	$b=?$	2500，EXE		mm	输入内墙基础宽度
7	l_0		2425，EXE	mm	输出内墙基础受力钢筋长度

3. 格式 3：

（1）语句格式

If＜条件 1＞：Then＜语句块 1＞：Else If＜条件 2＞：Then＜语句块 2＞：
…，IfEnd：：IfEnd…：

（2）语句功能

实际上，这一语句的格式是，一个条件语句的语句块中可以包含另一个条件语句，这种语句格式称为"条件语句的嵌套"。其流程图见图 7-5

（3）语句输入：

在程序编辑状态下，按【SHIFT】、【VARS】（PRGM）和【F1】键，在屏幕下端将显示出条件语句：If Then Else IfEnd。按相应的功能键，即可将它们输入到程序中。

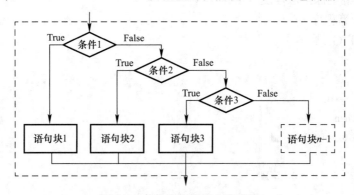

图 7-5　条件语句格式 3 流程图

【例题 7-4】 已知条件同【例题 7-2】。（1）试按条件语句格式 3 编写水费计算程序；
（2）若该户一年用水量为 125m³/年，按程序计算应付多少水费。

【解】

（1）编写计算程序

程序名：[SHUIFEI2]

"V"?→V：

If V≤120：Then "Y"：V×5→Y ◢

Else

　　If　V＞120 And V≤176：Then "Y"：120×5+(Y-120)×7→Y ◢

　　Else

　　　　If　V＞176：Then "Y"：120×5+(176-120)×7+(V-176)×9→Y ◢

　　　　IfEnd：

　　IfEnd：

IfEnd：

（2）计算应付水费

1）按 AC/ON 键打开计算器，按 MENU 键，进入主菜单界面；

2）按字母 B 键或数字 9 键，进入程序菜单；

3）找到计算水费程序名：[SHUIFEI2]，按 EXE 键；

4）按屏幕提示进行操作（见表 7-6），最后，得出计算结果。

【例题 7-4】附表　　　　　　　　　　　　　　　表 7-6

序号	屏幕显示	输入数据	计算结果	单位	说明
1	$V=?$	125，EXE		m³	输入用水量
2	Y		635	元	输出水费

7.5.5　Goto～Lbl 转移语句

1. 语句格式

Goto n：…：Lbl n

其中 n 为 0～9 之间的整数。

2. 语句功能：

当程序执行到"Goto n"语句时，会转移到标有"Lbl n"行标号的程序执行，并继续往下执行。如果在"Goto n"所处的同一程序中，没有相应的行标号"Lbl n"，则会发生转移错误，屏幕显示"Go ERROR"。

3. 语句输入：

在程序编辑状态下，按【SHIFT】、【VARS】（PRGM）和【F3】键（转移），在屏幕下端将显示出转移语句：Lbl Goto。按相应的功能键，即可将它们输入到程序中。

【例题 7-5】　设二次函数 $y=2x^2+4x+3$，试编写求当 $x=1$，2，3，4 时 y 值的程序。

【解】　（1）计算程序

程序名：[Y2]

Lbl 1："X＝"?→X:　　　　　　　（对自变量 x 赋值）

"y＝":2X²＋4X＋3→Y ◢　　　　（计算 y 值，并在屏幕上显示）

Goto 1:　　　　　　　　　　　（转移到 Lbl 1:行运行）

（2）计算

由于在第 2 行设置了显示命令，到此计算器暂停运行。记下 $x=1$ 时的 y 值，然后按 EXE 键继续运行。再输 $x=2$，…，计算结果见表 7-7。

【例题 7-5】附图　　　　　　　　　　　　　　　表 7-7

x	1	2	3	4
y	9	19	33	51

7.5.6　循环语句

1. 格式 1

（1）语句格式：For-Next

（2）语句功能：

For 到 Next 之间的语句重复执行，每次执行控制变量加 1（从初始值开始）。当控制变量超过终值时，就跳至 Next 后面执行后续语句。如果 Next 后面没有语句，则停止执行（图 7-6）。

（3）语句输入：

在程序编辑状态下，按【SHIFT】、【VARS】（PRGM）和【F1】（命令）键，再按【F6】（翻页），在屏幕下端将显示出循环语句：For-To-Next。按相应的功能键，即可将它们输入到程序中。

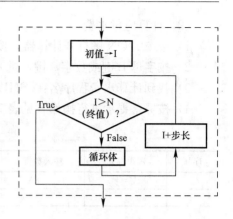

图 7-6　循环语句的流程图

【例题 7-6】 试编写计算数列通项及前 n 项和的程序。设数列第 1 项 $a_1=2$，公差 $d=0.5$，求第 5 项及前 $n=5$ 项和。

【解】（1）编写程序

程序名［SHULIE］

$"a_1"?\to A:"d"?\to D:"N"?\to N\lrcorner$

For $1\to I$ To N:

$"a_n":A+(N-1)D\to M:$

$"S_n":NA+0.5N(N-1)D\to S:$

Next $\lrcorner$

（2）计算第 5 项及前 $n=5$ 项和

计算过程见表 7-8。

【例题 7-6】附表　　　　　　　　　　　　　　　表 7-8

序号	屏幕显示	输入数据	计算结果	单位	说明
1	$a_1=?$	2，EXE		—	输入数列第 1 项
2	$d=?$	0.5EXE		—	输入数列公差
3	$n=?$	5，EXE		—	输入数列前项数 $n=5$
4	a_n		4.0	—	输出数列第 5 项
5	S_n		15	—	输出数列前 5 项和

【例题 7-7】 试写出 n 的阶乘，（即 $n!$）计算程序，并计算 5!。

【解】（1）编写程序

文件名：［N～JCH］

$1\to M:"N"?\to N\lrcorner$

For $1\to K$ To N:"N＝":MK$\to M$:Next $\lrcorner$

$"N!＝":M$

（2）计算 5!

计算进过程见表 7-9。

【例题 7-7】附表　　　　　　　　　　　　　　　表 7-9

序号	屏幕显示	输入数据	计算结果	单位	说明
1	$N=?$	5，EXE		—	输入已知条件
2	$N!$		120	—	输出计算结果

【例题 7-8】　已知框架柱中间层的层高为 3600mm，柱的截面高度 $h_c = 600$mm，梁高 $h_b = 500$mm。

（1）试编写柱端箍筋加密区高度的计算程序；（2）根据已知条件按程序计算柱端箍筋加密区高度。

说明：《建筑抗震设计规范》规定，柱端箍筋加密范围应取：柱截面高度、柱净高的 1/6 和 500mm 三者的最大值，即取 max（h_c，H_c/6，500）。

（1）编写程序

程序名 ［SGMAX］

"h_b"?→W:

"H_i"?→H:

"H_{in}":H－W→r ◢

"hc"?→A:

"r÷6":r÷6→B:

"500":500→C:

"N"?→N:

For 1→I To N

"I":I ◢

"Aij"?→List 5[I]:

Next:

List 5[1]→M:

For 2→I To N

If M＜List 5[I]:Then:

List 5[I]→M:

IfEnd:

Next:

"S1Gmax":M→List 3[2]:

（2）按程序计算加密区高度

1）按 AC/ON 键打开计算器，按 MENU 键，进入主菜单界面；

2）按字母 B 键或数字 9 键，进入程序菜单；

3）找到计算柱端箍筋加密区高度程序名：［SGMAX］，按 EXE 键；

4）按屏幕提示进行操作（见表 7-10），最后，得出计算结果。

【例题 7-8】附表　　　　　　　　　　　表 7-10

序号	屏幕显示	输入数据	计算结果	单位	说明
1	$h_b =$?	500，EXE		mm	输入框架梁高
2	$H_1 =$?	3600，EXE		mm	输入框架中间层层高
3	H_{in}		3100，EXE	mm	输出框架中间层净高
4	$h_c =$?	600，EXE		mm	输入框架柱截面高度
5	$N =$?	3，EXE		—	确定柱端箍筋加密区高度条件数量，规范给出 3 个条件，输入 3
6	$A_{ij} =$?	A，EXE		—	输入第一个条件数值

序号	屏幕显示	输入数据	计算结果	单位	说明
7	$A_{ij}=?$	B，EXE		—	输入第二个条件数值
8	$A_{ij}=?$	C，EXE		—	输入第三个条件数值
9	Hg_{max}		600	mm	输出柱端加密区高度

【例题 7-9】　从静止热气球中弹出一个质量为 $m=69.1\text{kg}$ 的跳伞运动员。空气阻力系数 $c=12.5\text{kg/s}$。试分别按手算和程序计算求出降落伞打开之前不同时刻运动员的速度。

【解】　(1) 手算

根据物理学原理，可写出以增量形式表示的速度相对时间变化率的方程：

$$\frac{\Delta v}{\Delta t}=\frac{v(t_{i+1})-v(t_i)}{t_{i+1}-t_i}=g-\frac{c}{m}v(t_i) \tag{7-5}$$

式中　　Δv——速度的增量；

　　　　Δt——时间的增量；

　　$v(t_i)$——t_i 时刻的速度；

　$v(t_{i+1})$——t_{i+1} 时刻的速度。

将式 (7-6) 进行整理可得：

$$v(t_{i+1})=v(t_i)+\left[g+\frac{c}{m}v(t_i)\right](t_{i+1}-t_i) \tag{7-6}$$

这是一个代数方程：

$$新值＝旧值＋斜率×步长$$

如果某一 t_i 时刻的速度 $v(t_i)$ 已知，就可容易算出下一时刻 t_{i+1} 的速度 $v(t_{i+1})$。然后依次继续下去。这样用这种方式就可算出任一时刻的速度。

现按式 (7-6) 计算降落伞打开之前不同时刻运动员的速度，计算过程中的步长取 $(t_{i+1}-t_i)=2\text{s}$。在开始计算时 $\{t_i=0\}$，运动员的速度为 0。利用这些数据可算出 2s 时的速度：

$$v(2)=0+\left[9.8-\frac{12.5}{68.1}\times0\right]\times2=19.06\text{m/s}$$

对于 4s 时的速度，重复上面的计算过程，得：

$$v(4)=19.06+\left[9.8-\frac{12.5}{68.1}\times19.06\right]\times2=32.00\text{m/s}$$

类似地，可算出其余时刻的速度见表 7-11。

(2) 按程序计算

1) 编写程序

程序名：[SHUZI]

```
"N"?→N:"V(0)":0→List 1[1]◢
2→T:
For 1→I To N:
"V(T)＝":List 1[I]＋(9.8－12.5×List 1[1]÷68.1)×T→List 1[I＋1]◢
Next↵
"V(T)":List 1[I＋1]
```

2）计算

计算过程见表 7-11。

【例题 7-9】附表   表 7-11

序号	屏幕显示	输入数据	计算结果	单位	说明
1	$N=?$	10，EXE		—	输入循环变量终值
2	$V(0)=?$	0，EXE		m/s	输入初速度
3	$V(2)$		19.60，EXE	m/s	
4	$V(4)$		32.00，EXE	m/s	
5	$V(6)$		39.86，EXE	m/s	
6	$V(8)$		44.82，EXE	m/s	
7	$V(10)$		47.97，EXE	m/s	
8	$V(12)$		49.96，EXE	m/s	
9	$V(14)$		51.22，EXE	m/s	
10	$V(16)$		52.02，EXE	m/s	
11	$V(18)$		52.52，EXE	m/s	
12	$V(20)$		52.84	m/s	输出 20s 时的速度

【例题 7-10】 试用数值积分法求标准正态分布密度函数的积分（即求分布函数值）。

$$\Phi(x) = \frac{1}{\sqrt{2\pi}} \int_0^x e^{-\frac{t^2}{2}} \, \mathrm{d}t \tag{7-7}$$

（1）数学模型

如所周知，定积分

$$\int_a^b f(x)dx = F(b) - F(a) \tag{7-8}$$

的几何意义为函数 $f(x)$ 曲线下面的曲边梯形面积（图 7-7）。当函数 $f(x)$ 的原函数 $F(x)$ 不易求得或不能求得时，则一般采用近似数值积分。下面介绍常用的梯形法求定积分。

将 $[a, b]$ 分成 n 个相等的小区间（图 7-7），每一个小区间的宽度为

$$w = \frac{b-a}{n} \tag{a}$$

分点为 $x_0 = a$，x_1，x_2，$\cdots$，$x_n = b$，所对应的纵标为：y_0，y_1，y_2，$\cdots$，y_n。通过相邻两条竖线的端点连以直线，于是得到 n 个小梯形。取这 n 个小梯形面积的和作为 M_0abM_n 曲边梯形面积的近似值。

第 i 个小梯形左端点的横坐标为

$$x_{i-1} = a + (i-1) \times w \tag{b}$$

右端点的横坐标为

$$x_i = a + iw \tag{c}$$

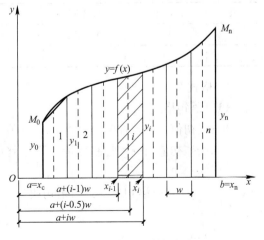

图 7-7 梯形法求定积分

第 i 个小梯形中点的横坐标为

$$x_{i-0.5} = a + (i-0.5) \times w \qquad (d)$$

第 i 个小梯形中点的纵坐标，即第 i 个小梯形的平均高度为

$$y_{i-0.5} = h_{i-0.5} = f[a + (i-0.5)w] \qquad (e)$$

因此，第 i 个梯形的面积：

$$a_i = h_{i-0.5}w = f[a + (i-0.5)w]w \qquad (f)$$

将各梯形小面积加起来，即得积分的近似值：

$$A_i = \sum_{i=1}^{n} a_i = \sum_{i=1}^{n} h_{i-0.5}w = \sum_{i=1}^{n} f[a + (i-0.5)w]w \qquad (7\text{-}9)$$

当划分小梯形面积的数量 n 足够多时，上式计算结果将趋近于积分 $\int_a^b f(x)\mathrm{d}x$ 值。

（2）编写程序

程序名：[JIFEN]

"X = "?→X:	（输入积分上限）
"N = "?→N:	（输入划分的小梯形的数量）
0→A:	（将 0 赋给初始面积）
"W = ":X÷N→W:	（计算每一个小梯形的宽度）
For 1→I To N:	（确定循环初值和终值）
"T = ":(I−0.5)W→T	（计算第 i 个小梯形中点的横坐标）
"H = ":(1÷√(2N))e∧(−T²÷2)→H	（计算第 i 个小梯形中点的高度）
"A = ":A+WH→A	（累计曲边梯形的面积）
Next	
"A = ":A ◢	（输出函数的积分值）

（3）计算

设求积分上限 $x=2$ 时的标准正态分布函数值。计算过程见表 7-12。

【例题 7-10】附表　　　　　　　　　　　　表 7-12

步骤	屏幕显示	输入数据	单位	计算结果	说明
1	$X=?$	2，EXE			输入积分上限
2	$N=?$	100，EXE			输入划分小梯形的数量
3	A			0.4772	输出函数的积分值

2. 格式 2

（1）语句格式

For＜初值＞→＜控制变量＞To＜终值＞：

　　For＜初值＞→＜控制变量＞To＜终值＞：

　　　　…

　　　　…：＜语句块＞：＜语句块＞：

　　　　…

　　Next

Next

（2）语句功能

一个循环语句的"语句块"中可以包括另一个循环语句，这种语句格式称为"循环语句的嵌套"。编写这种循环语句时应注意以下几点：

1）嵌套的层数不限；

2）内层循环语句应为外层循环语句的一个语句块；

3）为了便于阅读和消除错误，内层循环结构应向右缩进，同一层的 For-Next 上下对齐。

【例题 7-11】　表 7-13 为某校三位学生四科的考试成绩。试编写计算全部课程总分、平均分、最高分和最低分的程序。

【例题 7-11】附表　　　　　　　表 7-13

	数学	物理	化学	外语
张三	80	81	70	91
李四	89	79	81	72
王五	85	75	65	85

【解】　（1）说明

表 7-13 中有序数字的全部称为数组，数组中的一个数字（即每人某门课程的成绩）称为元素，所以，数组也可定义为元素的有序集合。显然，指定表 7-13 中的成绩（元素）需要有两个参数才能确定，即姓名和课程名称。这个参数在数学中称为下标，下标的个数称为维数。表 7-13 中的元素〔变量〕是二维的，而一个元素相当一个变量。因此，必须用能反映二维的字符作为它的变量。fx-CG20 计算器中的列表（串列）List n（m）是具有二维的字符，所以，可用它来表示表中的成绩。这里用 n 表示列（姓名）；m 表示行（课程名称）。

（2）编写程序

程序名：〔SHUZU〕

0→S:

For 1→I To 3

　For 1→J To 4

　"Z[I,J]"?→List I(J):

　　S+List I(J)→S:

　Next

Next

"S":S ◢

"S‾":S÷12

Ausment(List 2,List 3)→List 2:　　　　（将第 3 个列表合并到第 2 个列表后面,组成一个新的第 2 列表）

Ausment(List 1,List 2)→List 1:　　　　（将新的第 2 个列表合并到第 1 个列表后面,组成一个新的第 1 列表）

12→N:

List 1(1)→M:

List 1(1)→K:

For 2→I To N:

If M＜List 1[I]:Then List 1[I]→M:IfEnd:

If K＞List 1[I]:Then List 1[I]→K:IfEnd:

Next

"Max":M ◢

"Min":K

注：1）按本程序计算前，须将 List1，List2 和 List3 全部数值删除；

2）Ausment（输入操作：按【OPTN】键、【F1】键（List）、【F6】（翻页），再按【F5】键。

（3）计算

计算过程见表 7-14。

【例题 7-11】附表　　　　　　　　　　　表 7-14

步骤	屏幕显示	输入数据	单位	计算结果	说明
1	$Z[I, J]$?	80，EXE			输入张三数学分数
2	$Z[I, J]$?	81，EXE			输入张三物理分数
3	$Z[I, J]$?	70，EXE			输入张三化学分数
4	$Z[I, J]$?	91，EXE			输入张三外语分数
5	$Z[I, J]$?	89，EXE			输入李四数学分数
6	$Z[I, J]$?	79，EXE			输入李四物理分数
7	$Z[I, J]$?	81，EXE			输入李四化学分数
8	$Z[I, J]$?	72，EXE			输入李四外语分数
9	$Z[I, J]$?	85，EXE			输入王五数学分数
10	$Z[I, J]$?	75，EXE			输入王五物理分数
11	$Z[I, J]$?	65，EXE			输入王五化学分数
12	$Z[I, J]$?	85，EXE			输入王五外语分数
13	S			953	输出三人总分数
14	S̄			79.417	输出三人平均分数
15	Max			91	输出最高分数
16	Min			65	输出最低分数

【例题 7-12】　设有一组数据：1，2，3，4，5。试求其中最大数、最小数和平均数。

（1）编写程序

程序名：[MAX-MIN]

"N"?→N:

For1→I To N

"A[I,J]"?→List 1[I,J]

Next

List 1[1]→M

List 1[1]→K

List 1[1]→S

For 2→I:To N

If M＜List 1[I]:Then List 1[I]→M

IfEnd

If K＞List 1[I]Then:List 1I]→K

IfEnd

"SUM":S＋List 1[I]→S

Next

"MAX＝":M ◢

"MIN＝":K ◢

"S-＝":S÷N ◢

（2）按程序计算（表 7-15）

【例题 7-12】附表　　　　　　　　　　　表 7-15

步骤	屏幕显示	输入数据	单位	计算结果	说明
1	N＝?	5，EXE	—		输入循环变量终值
2	Z[1，I]?	1，EXE	—		输入第 1 个数
3	A[1，I]?	2，EXE	—		输入第 2 个数
4	A[1，I]?	3，EXE	—		输入第 3 个数
5	A[1，I]?	4，EXE	—		输入第 4 个数
6	A[1，I]?	5，EXE	—		输入第 5 个数
7	SUM			15，EXE	输出 5 个数之和
8	MAX	—		5，EXE	输出最大的数
9	MIN	—		1，EXE	输出最小的数
10	SM	—		3	输出平均数

7.5.7　子程序

1. 语句格式

…：Prog"子程序名"：

2. 语句功能

在编写程序过程中，有时会在程序中多处用到同样的内容，为了节省内存空间，使程序文字简洁，便于阅读和编辑，常将这部分内容单独编在一起，并取相应的文件名。这样的程序相对其他程序（主程序）而言称为子程序。当主程序在某处需要用到这部分内容时，就在该处用"调用函数"（Prog）调用子程序就可以了。其格式为：Prog"子程序名"。子程序编好以后，就和主程序一样，放在计算器文件列表中。当执行主程序遇到Prog"子程序名"时，就跳到该子程序去执行 。当执行至子程序结尾遇到"Return"（返回）时，就返回到主程序继续执行 Prog"子程序名"后面的语句。

在子程序内也可调用另外的子程序。这叫做"嵌套"。其流程图如图 7-8 所示。

3. 语句输入

在程序编辑状态下，按【SHIFT】、【VARS】（PRGM）和【F2】键（控制），在屏幕下端将显示出子程序命令 Prog Return：。按相应的功能键，即可将它们输入到程序中。

【例题 7-13】 已知混凝土强度等级 C20、C25 和 C30，试写出其轴心抗压强度、轴心抗拉强度和弹性模量子程序。

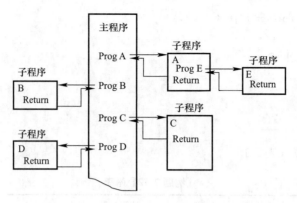

图 7-8　主程序调用子程序和嵌套流程图

子程序名："C"：

"C"?→C:　　　(输入混凝土强度等级序号:C20,输入 20;C25—25;C30—30)

If C = 20:Then

　　"f_c = ":9.6→F:"f_t = ":1.1→T:"E_c = ":2.55×10∧4→E:

Else

　　If C = 25:Then:

　　　　"f_c = ":11.9→F::"f_t = ":1.27→T:"E_c = ":2.80×10∧4→E:

　　Else

　　　　If C = 30:Then

　　　　　"f_c = ":14.3→F:"f_t = ":1.43→T:E_c = ":3.00×10∧4→E:

　　　　IfEnd:

　　⌐IfEnd:

IfEnd:

Return:

7.6　列表及其应用简介

列表又称串列，是用于存储多个数据项的列表寄存器，$fx\text{-}CG20$ 计算器内置 6 个文件：File 1、File 2、…、File 6。每个文件含 26 个名为 List n（$n=1$，2，3，…，26）的列表。在程序中应用列表 List n 时，应定义它的维数，每个列表最多可定义 999 维。其形式为 List n（m），（$n=1$，2，3，…，26；$m=1$，2，3，…，999）。

7.6.1　列表设置

List n（m）可作为变量来使用。使用前，应按下列步骤进行设置：

1. 设置列表文件

在总菜单中，用光标选中"统计"图标，按【EXE】，再按【SHIFT】、【MENU】（SETUP）键，进入统计窗口界面，移动光标至列表文件后，按功能键【F1】，屏幕出现对话框，选择文件名，例如，若选 File 1，则按数字键【1】，再按【EXE】确定。

2. 设置列表名称和定义维数（即选择 List n（m）中的 n、m 值）

若选取择 $n=1$，$m=20$，即设置 List 1（20），则按以下步骤进行设置：

【MENU】-【1】-【20】-【→】-【OPTE】-【F1】-【F3】-【F1】-【1】-【EXE】；

3. 子名称的设置

为了对列表进行编辑的方便，可为列表 List 1 至 List 26 指定"子名称"。设置的方法是：在总菜单中，用光标选中"统计"图标，按【EXE】，再按【SIFT】、【MENU】(SETUP) 键，进入统计窗口界面，移动光标至子文件名行，按功能键【F1】（开），则可在 Sub 所在行进行输入子名称，每个子名称最多为 8 个字节。

7.6.2　列表单元数据的编辑

列表单元数据的编辑应在统计模式下进行。这里的"单元"是指表中数据所在的位置。

1. 插入单元数值

移动光标到需要的单元，按【F6】键，再按【F5】（插入）键，在当前单元处插入数值。

2. 删除单元数值

移动光标到需要删除的单元，按【删除】键，删除当前的单元及其数值，其后单元的数值自动向上移一行。

3. 删除当前列表全部数值

按【F6】，再按【F4】（全删除），屏幕上出现对话框，按【F1】（Yes）键，删除当前列表的全部数值。

4. 在程序编辑状下，将列表 List j 合并到列表 List i 后面，组成一个新的列表 List i

（1）句法格式

Ausment（List i，List j）→List i

（2）语句输入

按【OPTN】键、【F1】键（List）、【F6】（翻页），再按【F5】键，即可输入 Ausment。

7.7　矩阵及其应用简介

7.7.1　矩阵的命名、维数和输入

1. 矩阵的命名

*fx-CG*20 计算器内置的矩阵是以英文大写 26 个字母 A～Z 命名的，即 Mat A 至 Mat Z，此外，还有一个矩阵答案存储器 Mat Ans，它把矩阵计算结果自动存储在矩阵答案存储器中。

2. 矩阵的维数

在主菜单中，按数字键【1】进入矩阵 RUN. MAT 模式，再按功能键【F1】，屏幕显示矩阵列表菜单，将光标移动至需要定义维数的字母矩阵行上，例如，矩阵 A，拟设定它为 3×2 的矩阵。按功能键【F3】，屏幕弹出的矩阵维数对话框，在 m 的后面输入矩阵的行数为 3，在 n 的后面输入矩阵的列数 2。这样，就完成定义矩阵 A 的维数了。

fx-$CG20$ 计算器规定，每个矩阵的行数和列数的最大值均为 255。

3. 矩阵的输入与计算

在编程时遇到矩阵的运算，总是要在 PRGM 模式下进行。现以实例说明在 PRGM 模式下如何进行矩阵输入和计算。

【例题 7-14】 已知矩阵

$$[A] = \begin{bmatrix} 3 & 2 \\ 4 & -2 \end{bmatrix}, \quad [B] = \begin{Bmatrix} 12 \\ 2 \end{Bmatrix}$$

试编写矩阵 $[A]$ 乘矩阵 $[B]$，即求 $[C]=[A][B]$ 的程序。

【解】 （1）编写程序

程序名：$[JZ1]$

"a_{11}"?→D:"a_{12}"?→E:"a_{21}"?→F:"a_{22}"→G ↵

"b_1"?→H:"b_2"?→I:

[[D,E][F,G]]→Mat A:

[[H][I]]→Mat B:

Mat A×MatB→Mat C

（2）计算

计算过程见表 7-16。

表 7-16

【例题 7-14】附表

步骤	屏幕显示	输入数据	单位	计算结果	说明
1	$a_{11}=?$	3，EXE			输入矩阵 $[A]$ 元素
2	$a_{12}=?$	2，EXE			输入矩阵 $[A]$ 元素
3	$a_{21}=?$	4，EXE			输入矩阵 $[A]$ 元素
4	$a_{22}=?$	−2，EXE			输入矩阵 $[A]$ 元素
5	b_1	12，EXE			输入矩阵 $[B]$ 元素
6	b_2	2，EXE			输入矩阵 $[B]$ 元素
7	c_1			40	输出矩阵 $[C]$ 元素
8	c_2			44	输出矩阵 $[C]$ 元素

本例答案案：$[C] = \begin{Bmatrix} 40 \\ 44 \end{Bmatrix}$

7.7.2 消除矩阵行的操作

1. 语句格式：

• Row 0，$A\sim Z$，m

2. 语句意义：

数值 0 乘以矩阵 $A\sim Z$ 第 m 行，结果存回原矩阵。

3. 语句输入：

• Row 的输入：进入程序编辑状态，按功能键【F4】、【F2】和【F2】，即可输入。

7.7.3　求逆矩阵 **Mat A⁻¹**

按【SHIFT】键、数字键【2】(Mat)、字母键【A】、【SHIFT】键和【( )】键（x^{-1}），即可完成 Mat A^{-1} 的输入。

【例题 7-15】　试用矩阵求逆法解下列方程组：

$$7x_1 + 2x_2 + 5x_3 = 1$$
$$4x_1 + 8x_2 + 3x_3 = 0$$
$$2x_1 + 1x_2 + 6x_3 = 2$$

【解】　1. 手算

（1）此线性方程组的系数矩阵为

$$[A] = \begin{bmatrix} 7 & 2 & 5 \\ 4 & 8 & 3 \\ 2 & 1 & 6 \end{bmatrix}$$

（2）自由项列阵

$$[B] = \begin{Bmatrix} 1 \\ 0 \\ 2 \end{Bmatrix}$$

（3）求 [A] 的逆矩阵

$$[A]^{-1} = \begin{bmatrix} 0.2054 & -0.0319 & -0.1553 \\ -0.0822 & 0.1461 & 0.0046 \\ -0.0548 & -0.0137 & 0.2192 \end{bmatrix}$$

（4）求方程的解

$$[X] = \begin{Bmatrix} x_1 \\ x_2 \\ x_3 \end{Bmatrix} = [A]^{-1}[B] = \begin{Bmatrix} -0.1050 \\ -0.0913 \\ 0.3836 \end{Bmatrix}$$

2. 按程序计算

程序名：[JZ2]

（1）将线性方程组的系数值赋值给矩阵 [A] 的相应元素（变量）

$$\text{"a}_{11}\text{"?} \to D\text{:"a}_{12}\text{"?} \to E\text{:"a}_{13}\text{":} \to F\text{:}$$
$$\text{"a}_{21}\text{"?} \to G\text{:"a}_{22}\text{"?} \to H\text{:"a}_{23}\text{":} \to I\text{:}$$
$$\text{"a}_{31}\text{"?} \to J\text{:"a}_{32}\text{"?} \to K\text{:"a}_{33}\text{":} \to L\text{:}$$

（2）将线性方程组的自由项值赋值给列阵 [B] 的相应元素（变量）

$$\text{"b}_1\text{"?} \to M\text{:"b}_2\text{"?} \to N\text{:"b}_3\text{"?} \to O\text{:}$$

（3）将矩阵 [A] 的各变量输入矩阵 [A]

$$[[D,E,F][G,H,I][J,K,L]] \to \text{Mat A:}$$

（4）将列阵 [B] 的各变量输入列阵 [B]

$$[[M][N][O]] \to \text{Mat B:}$$

（5）输入矩阵 [A] 的逆矩阵

按【SHIFT】键、数字键【2】(Mat)、字母键【A】、【SHIFT】键和【)】键（x^{-1}），即

可完成 $\text{Mat } A^{-1}$ 的输入；

（6）输入求解未知数计算公式，并赋值给列阵 $[X]$

$$\text{Mat } A^1 \times \text{Mat } B \rightarrow \text{Mat } X$$

全部数据输入完成后，按【EXIT】键，退回到程序名，按【EXE】进行计算，屏幕上即可显示计算结果。

$$[X] = \begin{Bmatrix} -0.105 \\ -0.091 \\ 0.3835 \end{Bmatrix}$$

7.8 综合应用题

【**例题 7-16**】 某基础工程标底价（基准价）为 190 万元，有三家建筑公司投标，它们的投标价和评标委员会三位评委对三个单位评定的技术部分得分分值，如表 7-17 所示。

三家建筑公司投标价和技术部分得分分值

表 7-17

投标单位	投标价（万元）	技术部分得分分值		
		1 号评委	2 号评委	3 号评委
第一建筑公司	189	40	42	41
第二建筑公司	192	45	44	42
第三建筑公司	180	50	48	43

试计算三家公司的商务部分得分、总分的平均值及中标单位名称。

说明

根据有关规定，工程中标单位须通过工程竞标确定。竞标中，获得最高分者认定为中标单位。竞标得分分值的计算方法应按相关部门的规定执行。

评标的分值由两部分构成。一个是技术部分分值（用 M_1 表示）；另一个是商务部分分值（用 M_2 表示）。两者相加为总分值。技术部分分值由评标人根据投标单位的标书内容，如单位的基本情况，技术力量，生产状况，以及对所要承包工程的施工方案，进度计划，安全生产措施等方面进行评定分数。商务部分分数则根据投标单位报价情况，按下述规定评定分值。

计算有效投标价格 X 与基准价 M 的相对差异值：

$$\beta = \frac{X - M}{M} 100\% \text{（保留小数点后两位）}$$

当投标价格高于基准价时，每高于差异值 1%，扣 2 分；当投标价格低于基准价时，每低于差异值 1%，扣 1 分。计算投标单位这部分分值时，可按下式计算：

当 $X > M$ 时　　　　　　　得分：$M_2 = 50 - (|\beta| \times 100) \times 2$

当 $X < M$ 时　　　　　　　得分：$M_2 = 50 - (|\beta| \times 100) \times 1$

当 $X = M$ 时　　　　　　　得分：$M_2 = 50$

投标单位最后得分应为：$M = M_1 + M_2$。

【**解**】 （1）1 号评标人对三个投标单位的评分（表 7-18）

1 号评标人计算附表（程序名：TOUBIAO1）　　　　　　表 7-18

序号	屏幕显示	输入数据	计算结果	单位	说明
1	$N=?$	3		—	输入投标单位数量
2	$A=?$	190		万元	输入标底价
3	I		1	—	提示以下是第 1 投标单位的数据
4	$B=?$	189		万元	输出第 1 投标单位报价
5	β		-0.526	—	输出第 1 投标单位的 β 值
6	M_2		49.47	—	输出第 1 投标单位商务部分分值
7	I		2	—	提示以下是第 2 投标单位的数据
8	$B=?$	192		万元	输入第 2 投标单位报价
9	β		1.053	—	输出第 2 投标单位的 β 值
10	M_2		47.89	—	输出第 2 投标单位商务部分分值
11	I		3	—	提示以下是第 3 投标单位的数据
12	$B=?$	180		万元	输入第 3 投标单位报价
13	β		-5.26	—	输出第 3 投标单位的 β 值
14	M_2		44.74	—	输出第 3 投标单位商务部分分值
15	M	3		—	输入评标人员人数
16	I	1		—	提示以下是第 1 投标单位的数据
17	$M_1(1)$	40		—	输入评标人所评第 1 单位的技术部分分数
18	$M_1(1)+M_2$		89.47	—	输出第 1 投标单位总分值
19	I	2		—	提示以下是评标人所评第 2 单位的数据
20	$M_1(2)$	45		—	输入评标人所评第 2 单位的技术部分分数
21	$M_1(2)+M_2$		92.89	—	输出第 2 投标单位总分值
22	I	3		—	提示以下是评标人所评第 3 单位的数据
23	$M_1(3)$	50		—	输入评标人所评第 3 单位的技术部分分数
24	$M_1(3)+M_2$		94.74	—	输出第 3 投标单位总分值

（2）2 号评标人对三个投标单位的评分（表 7-19）

2 号评标人计算附表（程序名：TOUBIAO1）　　　　　　表 7-19

序号	屏幕显示	输入数据	计算结果	单位	说明
1	$N=?$	3		—	输入投标单位数量
2	$A=?$	190		万元	输入标底价
3	I		1	—	提示以下是第 1 投标单位的数据
4	$B=?$	189		万元	输出第 1 投标单位报价
5	β		-0.526	—	输出第 1 投标单位的 β 值
6	M_2		49.47	—	输出第 1 投标单位商务部分分值
7	I		2	—	提示以下是第 2 投标单位的数据
8	$B=?$	192		万元	输入第 2 投标单位报价
9	β		1.053	—	输出第 2 投标单位的 β 值
10	M_2		47.89	—	输出第 2 投标单位商务部分分值
11	I	3		—	提示以下是第 3 投标单位的数据
12	$B=?$	180		万元	输入第 3 投标单位报价
13	β		-5.26	—	输出第 3 投标单位的 β 值

续表

序号	屏幕显示	输入数据	计算结果	单位	说明
14	M_2		44.74	—	输出第3投标单位商务部分分值
15	M	3		—	输入评标人员人数
16	I	1		—	提示以下是第1投标单位的数据
17	M_1 (1)	42		—	输入评标人所评第1单位的技术部分分数
18	$M_1(1)+M_2$		91.47	—	输出第1投标单位总分值
19	I	2		—	提示以下是评标人所评第2单位的数据
20	M_1 (2)	44		—	输入评标人所评第2单位的技术部分分数
21	$M_1(2)+M_2$		91.89	—	输出第2投标单位总分值
22	I	3		—	提示以下是评标人所评第3单位的数据
23	M_1 (3)	48		—	输入评标人所评第3单位的技术部分分数
24	$M_1(3)+M_2$		92.74	—	输出第3投标单位总分值

（3）3号评标人对三个投标单位的评分（表7-20）

3号评标人计算附表（程序名：TOUBIAO1）　　　　　　　　表 7-20

序号	屏幕显示	输入数据	计算结果	单位	说明
1	$N=?$	3		—	输入投标单位数量
2	$A=?$	190		万元	输入标底价
3	I		1	—	提示以下是第1投标单位的数据
4	$B=?$	189		万元	输出第1投标单位报价
5	β		-0.526	—	输出第1投标单位的β值
6	M_2		49.47	—	输出第1投标单位商务部分分值
7	I		2	—	提示以下是第2投标单位的数据
8	$B=?$	192		万元	输入第2投标单位报价
9	β		1.053	—	输出第2投标单位的β值
10	M_2		47.89	—	输出第2投标单位商务部分分值
11	I		3	—	提示以下是第3投标单位的数据
12	$B=?$	180		万元	输入第3投标单位报价
13	β		-5.26	—	输出第3投标单位的β值
14	M_2		44.74	—	输出第3投标单位商务部分分值
15	M	3		—	输入评标人员人数
16	I	1		—	提示以下是第1投标单位的数据
17	M_1 (1)	41		—	输入评标人所评第1单位的技术部分分数
18	$M_1(1)+M_2$		90.47	—	输出第1投标单位总分值
19	I	2		—	提示以下是评标人所评第2单位的数据
20	M_1 (2)	42		—	输入评标人所评第2单位的技术部分分数
21	M_1 (2)$+M_2$		89.89	—	输出第2投标单位总分值
22	I	3		—	提示以下是评标人所评第3单位的数据
23	M_1 (3)	43		—	输入评标人所评第3单位的技术部分分数
24	M_1 (3)$+M_2$		87.74	—	输出第3投标单位总分值

1 号评标人计算附表（程序名：TOUBIAO1） 表 7-18

序号	屏幕显示	输入数据	计算结果	单位	说明
1	$N=?$	3		—	输入投标单位数量
2	$A=?$	190		万元	输入标底价
3	I		1		提示以下是第 1 投标单位的数据
4	$B=?$	189		万元	输出第 1 投标单位报价
5	β		-0.526	—	输出第 1 投标单位的 β 值
6	M_2		49.47		输出第 1 投标单位商务部分分值
7	I		2	—	提示以下是第 2 投标单位的数据
8	$B=?$	192		万元	输入第 2 投标单位报价
9	β		1.053	—	输出第 2 投标单位的 β 值
10	M_2		47.89		输出第 2 投标单位商务部分分值
11	I	3			提示以下是第 3 投标单位的数据
12	$B=?$	180		万元	输入第 3 投标单位报价
13	β		-5.26	—	输出第 3 投标单位的 β 值
14	M_2		44.74		输出第 3 投标单位商务部分分值
15	M	3			输入评标人员人数
16	I	1			提示以下是第 1 投标单位的数据
17	$M_1(1)$	40			输入评标人所评第 1 单位的技术部分分数
18	$M_1(1)+M_2$		89.47		输出第 1 投标单位总分值
19	I	2			提示以下是评标人所评第 2 单位的数据
20	$M_1(2)$	45			输入评标人所评第 2 单位的技术部分分数
21	$M_1(2)+M_2$		92.89		输出第 2 投标单位总分值
22	I	3			提示以下是评标人所评第 3 单位的数据
23	$M_1(3)$	50			输入评标人所评第 3 单位的技术部分分数
24	$M_1(3)+M_2$		94.74		输出第 3 投标单位总分值

（2）2 号评标人对三个投标单位的评分（表 7-19）

2 号评标人计算附表（程序名：TOUBIAO1） 表 7-19

序号	屏幕显示	输入数据	计算结果	单位	说明
1	$N=?$	3		—	输入投标单位数量
2	$A=?$	190		万元	输入标底价
3	I		1	—	提示以下是第 1 投标单位的数据
4	$B=?$	189		万元	输出第 1 投标单位报价
5	β		-0.526	—	输出第 1 投标单位的 β 值
6	M_2		49.47		输出第 1 投标单位商务部分分值
7	I		2		提示以下是第 2 投标单位的数据
8	$B=?$	192		万元	输入第 2 投标单位报价
9	β		1.053		输出第 2 投标单位的 β 值
10	M_2		47.89		输出第 2 投标单位商务部分分值
11	I	3		—	提示以下是第 3 投标单位的数据
12	$B=?$	180		万元	输入第 3 投标单位报价
13	β		-5.26	—	输出第 3 投标单位的 β 值

序号	屏幕显示	输入数据	计算结果	单位	说明
14	M_2		44.74	—	输出第 3 投标单位商务部分分值
15	M	3		—	输入评标人员人数
16	I	1		—	提示以下是第 1 投标单位的数据
17	$M_1(1)$	42			输入评标人所评第 1 单位的技术部分分数
18	$M_1(1)+M_2$		91.47		输出第 1 投标单位总分值
19	I	2		—	提示以下是评标人所评第 2 单位的数据
20	$M_1(2)$	44			输入评标人所评第 2 单位的技术部分分数
21	$M_1(2)+M_2$		91.89		输出第 2 投标单位总分值
22	I	3		—	提示以下是评标人所评第 3 单位的数据
23	$M_1(3)$	48			输入评标人所评第 3 单位的技术部分分数
24	$M_1(3)+M_2$		92.74	—	输出第 3 投标单位总分值

（3）3 号评标人对三个投标单位的评分（表 7-20）

3 号评标人计算附表（程序名：TOUBIAO1）　　　　　　　　表 7-20

序号	屏幕显示	输入数据	计算结果	单位	说明
1	$N=?$	3		—	输入投标单位数量
2	$A=?$	190		万元	输入标底价
3	I		1	—	提示以下是第 1 投标单位的数据
4	$B=?$	189		万元	输出第 1 投标单位报价
5	β		-0.526	—	输出第 1 投标单位的 β 值
6	M_2		49.47	—	输出第 1 投标单位商务部分分值
7	I		2	—	提示以下是第 2 投标单位的数据
8	$B=?$	192		万元	输入第 2 投标单位报价
9	β		1.053	—	输出第 2 投标单位的 β 值
10	M_2		47.89	—	输出第 2 投标单位商务部分分值
11	I		3	—	提示以下是第 3 投标单位的数据
12	$B=?$	180		万元	输入第 3 投标单位报价
13	β		-5.26	—	输出第 3 投标单位的 β 值
14	M_2		44.74	—	输出第 3 投标单位商务部分分值
15	M	3		—	输入评标人员人数
16	I		1	—	提示以下是第 1 投标单位的数据
17	$M_1(1)$	41		—	输入评标人所评第 1 单位的技术部分分数
18	$M_1(1)+M_2$		90.47		输出第 1 投标单位总分值
19	I		2	—	提示以下是评标人所评第 2 单位的数据
20	$M_1(2)$	42			输入评标人所评第 2 单位的技术部分分数
21	$M_1(2)+M_2$		89.89		输出第 2 投标单位总分值
22	I		3		提示以下是评标人所评第 3 单位的数据
23	$M_1(3)$	43			输入评标人所评第 3 单位的技术部分分数
24	$M_1(3)+M_2$		87.74		输出第 3 投标单位总分值

（4）第 1 投标单位最后得分（表 7-21）

第 1 投标单位最后得分计算附表（程序名：TOUBIAO2） 表 7-21

序号	屏幕显示	输入数据	计算结果	单位	说明
1	$M=?$	3		—	输入评标人人数
2	I	1		—	输入第 1 投标单位编号
3	S		271.42	—	输出第 1 投标单位所得总分值
4	S_p		90.47	—	输出第 1 投标单位总分平均值

（5）第 2 投标单位最后得分（表 7-22）

第 2 投标单位最后得分计算附表（程序名：TOUBIAO2） 表 7-22

序号	屏幕显示	输入数据	计算结果	单位	说明
1	$M=?$	3		—	输入评标人人数
2	I	2		—	输入第 2 投标单位编号
3	S		274.68	—	输出第 2 投标单位所得总分值
4	S_p		91.56	—	输出第 2 投标单位总分平均值

（6）第 3 投标单位最后得分（表 7-23）

第 3 投标单位最后得分计算附表（程序名：TOUBIAO2） 表 7-23

序号	屏幕显示	输入数据	计算结果	单位	说明
1	$M=?$	3		—	输入评标人人数
2	I	3		—	输入第 3 投标单位编号
3	S		275.21	—	输出第 3 投标单位所得总分值
4	S_p		91.74	—	输出第 3 投标单位总分平均值

（7）中标单位和得分（表 7-24）

中标分值和单位附表（程序名：TOUBIAO3） 表 7-24

序号	屏幕显示	输入数据	计算结果	单位	说明
1	MAX		91.74	—	输出中标分值
2	I		3	—	输出中标单位为编号（第三建筑公司）

计算程序

（1）程序名：［TOUB1］（输出各评委对各投标单位评定的总分 M 值。见表 12-12、表 12-13 和表 12-14）。

```
"N"?→N:
"A"?→A ◢
For 1→I To N:
"I":I ◢
"B"?→B ◢
If B>A:Then 2→K:
Else If B<A:Then 1→K:
IfEnd:IfEnd:
```

"β":(B－A)÷A×100→T ◢

"M2":50－(Abs T)×K→List 1[I] ◢

Next:

"OK" ◢

"M"?→M:

For 2→r To M＋1:

For 1→I To N:

"r":r－1 ◢

"I":I ◢

"M1(I)"?→List r[I] ◢

"M1(I)＋M2":List r[I]＋List 1[I]→List r[I] ◢

Next:

Next:

"OK" ◢

（2）程序名：［TOUB2］（输出各投标单位所得平均分值。见表 12-15、表 12-16 和表 12-17）

"M"?→M:

"I"?→I ◢

0→S:

For 1→r To M:

S＋List r[I]→S ◢

Next:

"S":S ◢

"Sp":S÷M→List 10[I] ◢

（3）程序名：［TOUB3］（输出中标分值，中标单位编码。结果见表 12-18）

"N"?→N:

List 10[1]→M:

For 2→I To N:

If M＜List 10[I]:Then List 10[I]→M:

IfEnd:

Next:

"MAX":M ◢

For 1→I To N

If M＝List 10[I]:Then:

"I":I ◢

IfEnd:

Next:

7.9　疑难问题解答

1. 怎样输入程序文件名?

按【MENU】键，进入主菜单，再按数字键【9】、功能键【F5】（New），输入程序名。如需设置密码，再按【F5】设置密码。按【EXE】键进入程序输入编辑界面，将程序输入或编辑完成后，按【EXE】键，返回程序列表界面。

程序名和密码最多允许 8 位字符，$A \sim Z$、r、θ、数字，以及它们的组合均可作为程序名和密码字符使用。程序列表中，在程序后凡带有星号 * 的，表示该程序设有密码。在程序列表界面底部列有：（运行）、（编辑）、（新建）、（删除光标所在程序）、（删除全部程序）（提示：慎用），按对应的功能键，即可操作。

2. 如何较快地从程序列表中找到程序名？

计算器中的程序列表是按数字和英文字母顺序排列的。在程序列表屏幕按功能键【F6】翻页，再按功能键【F1】（检索）进入查找文件界面，在方框内输入文件名，然后【EXE】键即可找到所需要的文件名。

3. 怎样将英文小写字母、希腊字母作为提示符输入到程序中？

编写程序时，为了易于识别，提示符常常采用与数学公式中符号一致的小写字母、希腊字母等。因此，要掌握这些符号的输入方法。

（1）英文小写字母的输入

在程序编辑状态下，按【ALPHA】键、按功能键【F5】（A↔a），再字母键即可输入英文小写字母。

（2）希腊字母的输入

在程序编辑状态下，按功能键【F6】，屏幕显示字符子菜单。其中有数学字符菜单（MATH）、特殊字符菜单（SYBL）、大写希腊字母菜单（$AB\Gamma$）和小写希腊字母菜单（$\alpha\beta\gamma$）。按相应的功能键即可输入。

4. 在程序编辑状态下，怎样输入绝对值字符 Abs？

按【OPTN】键、【F3】（CPLR）键，再按【F2】（Abs）键，即可输入。

5. 在程序编辑状态下，如何输入双曲函数 sinh、cosh、tanh 和反双曲函数 $\sinh^{-1}$、$\cosh^{-1}$、$\tanh^{-1}$？

在程序编辑状态下，按【OPTN】键、【F6】键（翻页），再按【F2】（HYP）键，按相应的功能键即可输入。

6. 在编程时如何对文字或表达式复制、粘贴？

用计算器的粘贴功能可将程序中的一段文字或表达式，从一处复制到程序的另一处，以提出高编程的效率。其步骤是：

在程序编辑状态下，首先，将光标放在需要被复制的文字或表达式的前端，按【SHIFT】键、数字键【8】（CLIP），其次，用光标将该段文字或表达式反白，按【F1】（COPY）键，然后将光标插入到需要转移这段文字或表达式的地方，按【SHIFT】键，再按数字键【9】（PASTE），这样，就把该段文字或表达式复制到新的地方了。

7. 怎样在两台计算器之间进行连接与设置

为了在两台计算器之间进行通信，需对其连接和设置。

（1）检查并确保两台计算器的电源都已关闭；

（2）使用计算器随附的专用电缆连接两台计算器；

（3）在两台计算器上分别执行以下步骤：

1）在主菜单中，进入 LINK 模式；

2）按下【F4】（CABL）键，这时显示电缆类型选择屏幕；

3）按下【F2】（3Pin）键，将 Caplure 设置为 3Pin。

8. 怎样在两台计算器之间进行数据通信？

（1）在接收计算器上按下【F2】（RECV）使它处于接收数据状态，屏幕显示：AC；Cancel；

（2）在发送计算器上按下【F1】（TRAN）键，进入 Select Trans Type 界面；

（3）按下【F1】（SEL）键，进入 Main Mem 界面，如需发送 Program 中全部程序，则移动光至 Program 处，然后按下【F1】（SEL）键进行选择，这时在 Program 前标有"◣"符号。如需取消这项选择，则将光标移至该项目，然后再次按【F1】（SEL）键即可；

（4）按【F6】（TRAN）进行发送，这时，屏幕提示：确认是否真的要发送？若是，则按 F1（YES），否则按【F6】（NO）；

（5）如果只发送 Program 中某些程序，则移动光标至 Program，然后按下 EXE，这时屏幕出现 Main Mem 界面，将需要传输的程序逐一进行选择，即按【F1】（Sel）键。按【F6】（TRAN）键进行发送；

（6）发送完成后，接收和发送两台计算器均显示如下画面：Complete! Press［EXIT］。

（提示：在两台计算器之间进行数据通信时，显示失败，可能的原因是：电缆的插头未能插牢，插入时要听见"咔嚓"一声。）

附　录

附录 A　《混凝土结构设计规范》
GB 50010—2010 材料力学指标

混凝土轴心抗压强度标准值（N/mm²）　　　附表 A-1

强度	混凝土强度等级													
	C15	C20	C25	C30	C35	C40	C45	C50	C55	C60	C65	C70	C75	C80
f_{ck}	10.0	13.4	16.7	20.1	23.4	26.8	29.6	32.4	35.5	38.5	41.5	44.5	47.4	50.2

混凝土轴心抗压强度标准值（N/mm²）　　　附表 A-2

强度	混凝土强度等级													
	C15	C20	C25	C30	C35	C40	C45	C50	C55	C60	C65	C70	C75	C80
f_{tk}	1.27	1.54	1.78	2.01	2.20	2.39	2.51	2.64	2.74	2.85	2.93	2.99	3.05	3.11

混凝土轴心抗压强度标准值（N/mm²）　　　附表 A-3

强度	混凝土强度等级													
	C15	C20	C25	C30	C35	C40	C45	C50	C55	C60	C65	C70	C75	C80
f_c	7.2	9.6	11.9	14.3	16.7	19.1	21.1	23.1	25.3	27.5	29.7	31.8	33.8	35.9

混凝土轴心抗压强度标准值（N/mm²）　　　附表 A-4

强度	混凝土强度等级													
	C15	C20	C25	C30	C35	C40	C45	C50	C55	C60	C65	C70	C75	C80
f_t	0.91	1.10	1.27	1.43	1.57	1.71	1.80	1.89	1.93	2.04	2.09	2.14	2.18	2.22

混凝土的弹性模量（×10⁴ N/mm²）　　　附表 A-5

混凝土强度等级	C15	C20	C25	C30	C35	C40	C45	C50	C55	C60	C65	C70	C75	C80
E_c	2.20	2.55	2.80	3.00	3.15	3.25	3.35	3.55	3.55	3.60	3.65	3.70	3.75	3.80

注：1. 当有可靠试验依据时，弹性模量值也可根据实测数据确定；
　　2. 当混凝土中掺有大量矿物掺合料时，弹性模量可按规定龄期根据实测数据确定。

普通钢筋强度标准值　　　附表 A-6

牌号	符号	公称直径 d（mm）	屈服强度标准值 f_{yk}（N/mm²）	极限强度标准值 f_{stk}（N/mm²）
HPB300	Φ	6～22	300	420
HRB335 HRBF335	Φ Φ^F	6～50	335	455

续表

牌号	符号	公称直径 d（mm）	屈服强度标准值 f_{yk}（N/mm²）	极限强度标准值 f_{stk}（N/mm²）
HRB400 HRBF400 RRB400	Φ Φ^F Φ^R	6～50	400	540
HRB500 HRBF500	Φ Φ^F	6～50	500	630

预应力筋强度标准值（N/mm²） 附表 A-7

种类		符号	公称直径 d（mm）	屈服强度标准值 f_{pyk}	极限强度标准值 f_{ptk}
中强度预应力钢丝	光面 螺旋肋	Φ^{PM} Φ^{HM}	5、7、9	620 780 980	800 970 1270
预应力螺纹钢筋	螺纹	Φ^T	18、25、32、40、50	785 930 1080	980 1080 1230
消除应力钢丝	光面 螺旋肋	Φ^P Φ^H	5	— —	1570 1860
			7	—	1570
			9	—	1470 1570
钢绞线	1×3（三股）	Φ^S	8.6、10.8、12.9	— — —	1570 1860 1960
	1×7（七股）		9.5、12.7、15.2、17.8	— — —	1720 1860 1960
			21.6	—	1860

注：极限强度标准值为 1960MPa 级的钢绞线作后张预应力配筋时，应有可靠的工程经验。

普通钢筋强度设计值（N/mm²） 附表 A-8

牌号	抗拉强度设计值 f_y	抗压强度设计值 f'_y
HPB300	270	270
HRB335、HRBF335	300	300
HRB400、HRBF400、RRB400	360	360
HRB500、HRBF500	435	410

预应力筋强度设计值（N/mm²） 附表 A-9

种类	f_{ptk}	抗拉强度设计值 f_{py}	抗压强度设计值 f'_{py}
中强度预应力钢丝	800	510	410
	970	650	
	1270	810	

续表

种类	f_{ptk}	抗拉强度设计值 f_{py}	抗压强度设计值 f'_{py}
消除应力钢丝	1470	1040	410
	1570	1110	
	1860	1320	
钢绞线	1570	1110	390
	1720	1220	
	1860	1320	
	1960	1390	
预应力螺纹钢筋	980	650	410
	1080	770	
	1230	900	

注：当预应力筋的强度标准值不符合本表的规定时，其强度设计值应进行相应的比例换算。

钢筋的弹性模量（$\times 10^5 \text{N/mm}^2$）　　　　附表 A-10

牌号或种类	弹性模量 E_a
HPB300 钢筋	2.10
HRB335、HRB400、HRB500 钢筋 HRBF335、HRBF400、HRBF500 钢筋 RRB400 钢筋 预应力螺纹钢筋	2.00
消除应力钢丝、中强度预应力钢丝	2.05
钢绞线	1.95

注：必要时可采用实测的弹性模量。

普通钢筋及预应力筋在最大力下的总伸长率限值　　　　附表 A-11

钢筋品种	普通钢筋			预应力筋
	HRB300	HRB335、HRBF335、 HRB400、HRBF400、 HRB500、HRBF500	RRB400	
δ_{gt}（%）	10.0	7.5	5.0	3.5

附录 B 钢筋公称直径和截面面积

钢筋的公称直径、公称截面面积及理论重量　　　　　　　　　　　　附表 B-1

公称直径 (mm)	不同根数钢筋的公称截面面积 (mm²)									单根钢筋理论重量 (kg/m)
	1	2	3	4	5	6	7	8	9	
6	28.3	57	85	113	142	170	198	22	255	0.222
8	50.3	101	151	201	252	302	352	402	453	0.395
10	78.5	157	236	314	393	471	550	628	707	0.617
12	113.1	226	339	452	565	678	791	904	1017	0.888
14	153.9	308	461	615	769	923	1077	1231	1385	1.21
16	201.1	4402	603	804	1005	1206	1407	1608	1809	1.58
18	254.5	509	763	1017	1272	1527	1781	2036	2290	2.00 (2.11)
20	314.2	628	942	1256	1570	1884	2199	2513	2827	2.47
22	380.1	760	1140	1540	1900	2281	2661	3041	3421	2.98
25	490.9	982	1473	1964	2454	2945	3436	3927	4418	3.85 (4.10)
28	615.8	1232	1947	2463	3079	3695	4310	4926	5542	4.83
32	804.2	1609	2413	3217	4021	4826	5630	6434	7238	6.31 (6.65)
36	1017.9	2036	3054	4072	5089	6107	7125	8143	9161	7.99
40	1256.6	2513	3770	5027	6283	7540	8796	10053	11310	9.87 (10.34)
50	1963.5	3928	5892	7856	9820	11784	13748	15712	17676	15.42 (16.28)

注：括号内为预应力螺纹钢筋的数值。

每米板宽内的钢筋截面面积表　　　　　　　　　　　　附表 B-2

钢筋间距 (mm)	当钢筋直径 (mm) 为下列数值时的钢筋截面面积 (mm²)													
	3	4	5	6	6/8	8	8/10	10	10/12	12	12/14	14	14/16	16
70	101	179	281	404	461	719	920	1121	1369	1616	190	2199	2536	2872
75	94.3	167	262	377	524	672	859	1047	1277	1508	1780	2053	2367	2681
80	88.4	157	245	354	491	629	805	981	1198	1414	1669	1924	2218	2513
85	83.2	148	231	333	462	592	758	924	1127	1331	1571	1811	2088	2365
90	78.5	140	218	314	437	559	716	872	1064	1257	1484	1710	1972	2234
95	74.5	132	207	298	414	529	678	826	1008	1190	1405	1620	1868	2116
100	70.6	126	196	283	393	503	644	785	958	1131	1335	1539	1775	2011
110	64.2	114	178	257	357	457	585	714	871	1028	1214	1399	1614	1828
120	58.9	105	163	236	327	419	539	654	798	942	1112	1283	1480	1676
125	56.5	100	157	226	314	402	515	628	766	905	1068	1232	1420	1608
130	54.4	96.6	151	218	302	387	495	604	737	870	1027	1184	1366	1547
140	50.5	89.7	140	202	281	359	460	561	684	808	954	1100	1268	1436

续表

| 钢筋间距 (mm) | 当钢筋直径 (mm) 为下列数值时的钢筋截面面积 (mm²) | | | | | | | | | | | | | |
	3	4	5	6	6/8	8	8/10	10	10/12	12	12/14	14	14/16	16
150	47.1	83.8	131	189	262	335	429	523	639	754	890	1026	1188	1340
160	44.1	78.5	123	177	246	314	403	491	599	707	834	962	1110	1257
170	41.5	73.9	115	166	231	296	370	462	564	665	786	906	1044	1183
180	39.2	69.8	109	157	218	279	358	436	532	628	742	855	985	1117
190	37.2	66.1	103	149	207	265	339	413	504	595	702	810	934	1053
200	35.3	62.8	98.2	141	196	251	322	393	479	565	668	770	888	1005
220	32.1	57.1	89.3	129	178	228	292	357	436	514	607	700	807	914
240	29.4	52.4	81.9	118	164	209	268	327	399	471	556	641	740	838
250	28.3	50.2	78.5	113	157	201	258	314	383	452	534	616	710	804
260	27.2	48.3	75.5	109	151	193	248	302	368	435	514	592	682	773
280	25.2	44.9	70.1	101	140	180	230	281	342	404	477	550	634	718
300	23.6	41.9	65.5	94	131	168	215	262	320	377	445	513	592	670
320	22.1	39.2	61.4	88	123	157	201	245	299	353	417	481	554	628

注：表中钢筋直径中的 6/8、8/10 等系指两种直径的钢筋间隔放置。

钢筋组合表　　　　　　　　　　　　　　附表 B-3

| | 1 根 | | | 2 根 | | 3 根 | | 4 根 | |
直径	面积 (mm²)	周长 (mm)	每米质量 (kg/m)	根数及直径	面积 (mm²)	根数及直径	面积 (mm²)	根数及直径	面积 (mm²)
$\phi3$	7.1	9.4	0.055	2ϕ10	157	3ϕ12	339	4ϕ12	452
$\phi4$	12.6	12.6	0.099	1ϕ10+ϕ12	192	2ϕ12+1ϕ14	380	3ϕ12+1ϕ14	493
$\phi5$	19.6	15.7	0.154	2ϕ12	226	1ϕ12+2ϕ14	421	2ϕ12+2ϕ14	534
$\phi5.5$	23.8	17.3	0.197	1ϕ12+ϕ14	267	3ϕ14	461	1ϕ12+3ϕ14	575
$\phi6$	28.3	18.9	0.222	2ϕ14	308	2ϕ14+1ϕ16	509	4ϕ14	615
$\phi6.5$	33.2	20.4	0.260	1ϕ14+ϕ16	355	1ϕ14+2ϕ15	556	3ϕ14+1ϕ16	663
$\phi7$	38.5	22.0	0.302	2ϕ16	402	3ϕ16	603	2ϕ14+2ϕ16	710
$\phi8$	50.3	25.1	0.395	1ϕ16+ϕ18	456	2ϕ16+1ϕ18	657	1ϕ14+3ϕ16	757
$\phi9$	63.6	28.3	0.499	2ϕ18	509	1ϕ16+2ϕ18	710	4ϕ16	804
$\phi10$	78.5	31.4	0.617	1ϕ18+ϕ20	569	3ϕ18	763	3ϕ16+1ϕ18	858
$\phi12$	113	37.7	0.888	2ϕ20	628	2ϕ18+1ϕ20	823	2ϕ16+2ϕ18	911
$\phi14$	154	44.0	1.21	1ϕ20+ϕ22	694	1ϕ18+2ϕ20	883	1ϕ16+3ϕ18	965
$\phi16$	201	50.3	1.58	2ϕ22	760	3ϕ20	941	4ϕ18	1017
$\phi18$	255	56.5	2.00	1ϕ22+ϕ25	871	2ϕ20+1ϕ22	1009	3ϕ18+1ϕ20	1078
$\phi19$	284	59.7	2.23	2ϕ25	982	1ϕ20+2ϕ22	1074	2ϕ18+2ϕ20	1137
$\phi20$	321.4	62.8	2.47			3ϕ22	1140	1ϕ18+3ϕ20	1197
$\phi22$	380	69.1	2.98			2ϕ22+1ϕ25	1251	4ϕ20	1256
$\phi25$	491	78.5	3.85			1ϕ22+2ϕ25	1362	3ϕ20+1ϕ22	1323
$\phi28$	615	88.0	4.83			3ϕ25	1473	2ϕ20+2ϕ22	1389
$\phi30$	707	94.2	5.55					1ϕ20+3ϕ22	1455
$\phi32$	804	101	6.31					4ϕ22	1520

续表

1根				2根		3根		4根	
直径	面积(mm²)	周长(mm)	每米质量(kg/m)	根数及直径	面积(mm²)	根数及直径	面积(mm²)	根数及直径	面积(mm²)
φ36	1020	113	7.99					3φ22+2φ25	1631
φ40	1260	126	9.87					2φ22+2φ25	1742
								1φ22+3φ25	1853
								4φ25	1964

5根		6根		7根		8根	
根数及直径	面积(mm²)	根数及直径	面积(mm²)	根数及直径	面积(mm²)	根数及直径	面积(mm²)
5φ12	565	6φ12	678	7φ12	791	8φ12	904
4φ12+1φ14	606	4φ12+2φ14	760	5φ12+2φ14	873	6φ12+2φ14	986
3φ12+2φ14	647	3φ12+3φ14	801	4φ12+3φ14	914	5φ12+3φ14	1027
2φ12+3φ14	688	2φ12+4φ14	842	3φ12+4φ14	955	4φ12+4φ14	1068
1φ12+4φ14	729	1φ12+5φ14	883	2φ12+5φ14	996	3φ12+5φ14	1109
5φ14	769	6φ14	923	7φ14	1077	2φ12+6φ14	1150
4φ14+1φ16	817	4φ14+2φ16	1018	5φ14+2φ16	1172	8φ14	1231
3φ14+2φ16	864	3φ14+3φ16	1065	4φ14+3φ16	1219	6φ14+2φ16	1326
2φ14+3φ16	911	2φ14+4φ16	1112	3φ14+4φ16	1266	5φ14+3φ16	1373
1φ14+4φ16	958	1φ14+5φ16	1159	2φ14+5φ16	1313	4φ14+4φ16	1420
5φ16	1005	6φ16	1206	7φ16	1407	3φ14+5φ16	1467
4φ16+1φ18	1059	4φ16+2φ8	1313	5φ16+2φ18	1514	2φ14+6φ16	1514
3φ16+2φ18	1112	3φ16+3φ18	1367	4φ16+3φ18	1568	8φ16	1608
2φ16+3φ18	1166	2φ16+4φ18	1420	3φ16+4φ18	1621	6φ16+2φ18	1716
1φ16+4φ18	1219	1φ16+5φ18	1474	2φ16+5φ18	1675	5φ16+3φ18	1769
5φ18	1272	6φ18	1526	7φ18	1780	4φ16+4φ18	1822
4φ18+1φ20	1332	4φ18+2φ20	1646	5φ18+2φ20	1901	3φ16+5φ18	1876
3φ18+2φ20	1392	3φ18+3φ20	1706	4φ18+3φ20	1961	2φ16+6φ18	1929
2φ18+3φ20	1452	2φ18+4φ20	1766	3φ18+4φ20	2020	8φ18	2036
1φ18+4φ20	1511	1φ18+5φ20	1826	2φ18+5φ20	2080	6φ18+2φ20	2155
5φ20	1570	6φ20	1884	7φ20	2200	5φ18+3φ20	2215
4φ20+1φ122	1637	4φ20+2φ22	2017	5φ20+2φ22	2331	4φ18+4φ22	2275
3φ20+2φ22	1703	3φ20+3φ22	2083	4φ20+3φ22	2397	3φ18+5φ20	2335
2φ20+3φ22	1769	2φ20+4φ22	2149	3φ20+4φ22	2463	2φ18+6φ20	2304
1φ20+4φ22	1835	1φ20+5φ22	2215	2φ20+5φ22	2529	8φ20	2513
5φ22	1900	6φ22	2281	7φ22	2661	6φ20+2φ22	2646
4φ22+1φ25	2011	4φ22+2φ25	2502	5φ22+2φ25	2882	5φ20+3φ22	2711
3φ22+2φ25	2122	3φ20+3φ25	2613	4φ22+3φ25	2993	4φ20+4φ22	2777
2φ22+3φ25	2233	2φ22+4φ25	2724	3φ22+4φ25	3104	3φ20+5φ22	2843
1φ22+4φ25	2344	1φ22+5φ25	2835	2φ22+5φ25	3215	2φ20+6φ22	2909
5φ25	2454	6φ25	2945	7φ25	3436	8φ22	3041
						6φ22+2φ25	3263

续表

5 根		6 根		7 根		8 根	
根数及直径	面积 （mm²）	根数及直径	面积 （mm²）	根数及直径	面积 （mm²）	根数及直径	面积 （mm²）
						5φ22＋3φ25	3373
						4φ22＋4φ25	3484
						3φ22＋5φ25	3595
						2φ22＋6φ25	3706
						8φ25	3927

钢绞线的公称直径、公称截面面积及理论重量　　　　附表 B-4

种类	公称直径（mm）	公称左面面积（mm²）	理论重量（kg/m）
1×3	8.6	37.7	0.296
	10.8	58.9	0.462
	12.9	84.8	0.666
1×7 标准型	9.5	54.8	0.430
	12.7	98.7	0.775
	15.2	140	1.101
	17.8	191	1.500
	21.6	285	2.237

钢丝的公称直径、公称截面面积及理论重量　　　　附表 B-5

公称直径 （mm）	公称截面面积 （mm²）	理论重量 （kg/m）	公称直径 （mm）	公称截面面积 （mm²）	理论重量 （kg/m）
3.0	7.07	0.055	7.0	38.48	0.302
4.0	12.57	0.099	8.0	50.26	0.394
5.0	19.63	0.154	9.0	63.62	0.499
6.0	28.27	0.222			

附录C 计算程序索引

编号	程序名	子程序名	程序功能及说明	章节	构件
1	DJCH1GJ	ZZZ	独立基础底板钢筋长度和根数计算	2-1	基础
2	SHZHUGJ-1	YY	双柱普通独立基础底板底部钢筋长度和根数计算	2-1	
3	SHZHUGJ-2		双柱普通独立基础底板顶部钢筋长度和根数计算	2-1	
4	TJBp01	WWW	横向单柱条形基础底板钢筋量计算	2-2	
5	TJBp02	C20	横向双柱条形基础底板钢筋量计算	2-2	
6	TJBp03	G	横向单柱交叉条形基础底板钢筋量计算	2-2	
7	LL11		单跨框架梁通长纵筋长度计算（1）	3-1	框架梁
8	LL12	LB	单跨框架梁通长纵筋长度计算（2）	3-1	
9	L1	M	框架梁通长受扭纵筋长度计算	3-1	
10	L2	BHC	框架梁通长构造钢筋（架立钢筋、腰筋）长度计算	3-1	
11	GU2	C20-	梁的箍筋加密区范围、间距、根数；非加密区范围、间距、根数及箍筋长度计算	3-2	
12	GG2		二跨框架梁纵筋长度计算	3-2	
13	GG3-S	LB	三跨框架梁梁上部非贯通纵筋长度计算	3-2	
14	GG3-X	G	三跨框架梁梁下部非贯通筋长度计算	3-2	
15	CHAGL	C20	柱基础插筋长度计算	4-2	框架柱
16	1-CHGL	BHC	一层纵筋长度计算	4-2	
17	2-CHGL	M	二层纵筋长度计算	4-2	
18	3-CHGL	BHC	三层纵筋长度计算	4-2	
19	D-CHGL		顶层纵筋长度计算	4-2	
20	GUJL		柱箍筋长度计算	4-3	
21	0-GUJN		基础箍筋根数计算	4-3	
22	1-GUJN		1层柱箍筋根数计算	4-3	
23	2-GUJN		2层柱箍筋根数计算	4-3	
24	D-GUJN		顶层柱箍筋根数计算	4-3	
25	J-CHAGL		机械连接时柱基础插筋长度计算	4-3	
26	J1-CHGL		机械连接时一层纵筋长度计算	4-3	
27	J2-CHJL		机械连接时二层纵筋长度计算	4-3	
28	J1-GUJN		机械连接时一层柱箍筋根数计算	4-3	
29	J2-GUJN		机械连接时二层柱箍筋根数计算	4-3	
30	1BAN-XD		单跨双向板 X 方向底部钢筋长度和根数计算	5-1	双向板
31	1BAN-YD		单跨双向板 Y 方向底部钢筋长度和根数计算	5-1	
32	1BAN-XFU		单跨双向板 X 方向负筋长度和根数计算	5-1	
33	1BAN-YFU		单跨双向板 Y 方向负筋长度和根数计算	5-1	
34	1BAN-XFUF		单跨双向板 X 方向负筋分布筋长度和根数计算	5-1	

编号	程序名	子程序名	程序功能及说明	章节	构件
35	1BAN-YFUF		单跨双向板 Y 方向负筋分布筋长度和根数	5-1	双向板
36	2BAN-FU		双跨双向板中间支座负筋长度和根数计算	5-2	
37	2BAN-FUF		双跨双向板中间支座负筋的分布筋长度和根数计算	5-2	
38	3BAN-XD		三跨双向板 X 方向底部钢筋长度和根数计算	5-3	
39	1-LOUTI		板式楼梯板底部纵筋长度、根数及其分布筋长度、根数计算	6-1	楼梯
40	2-LOUTI		板式楼梯板端负筋长度、根数及其分布筋长度、根数计算	6-2	

① LL11 和 LL12 程序同样适用于计算多跨框架梁的上、下部通长纵筋量。

参 考 文 献

［1］ 建筑结构可靠度设计统一标准（GB 50068—2001）. 北京：中国建筑工业出版社，2002.

［2］ 混凝土结构设计规范（GB 50010—2010）. 北京：中国建筑工业出版社，2011.

［3］ 建筑抗震设计规范（GB 50011—2010）. 北京：北京：中国建筑工业出版社，2012.

［4］ 建筑地基基础设计规范（GB 50007—2011）. 北京：中国建筑工业出版社，2011.

［5］ 高层建筑混凝土结构技术规程（JGJ 3—2010）北京：中国建筑工业出版社，2010.

［6］ 中国建筑标准设计研究院. 国家建筑标准设计图集 11G101-1. 北京：中国计划出版社，2011.

［7］ 中国建筑标准设计研究院. 国家建筑标准设计图集 11G101-3. 北京：中国计划出版社，2011.

［8］ 闫玉红，冯占红. 钢筋翻样与算量. 北京：中国建筑工业出版社，2013.

［9］ 王武齐. 钢筋工程量计算. 北京：中国建筑工业出版社，2010.

［10］ 张向荣. 建筑工程钢筋算量与软件应用. 北京：中国建材工业出版社，2014.

［11］ 谢华. 混凝土结构施工图平法识读. 北京：中国建筑工业出版社，2015.

［12］ 栾怀军，孙国皖. 平法钢筋翻样与下料实例精解. 北京：中国建材工业出版社，2015.

［13］ 王栋. Visual Basic 程序设计实用教程（第 3 版）. 北京：清华大学出版社，2007.

［14］ 郭继武. 建筑抗震设计（第三版）. 北京：中国建筑工业出版社，2011.

［15］ 郭继武. 混凝土结构设计与算例. 北京：中国建筑工业出版社，2014.

［16］ 郭继武. 地基基础设计与算例. 北京：中国建筑工业出版社，2015.

［17］ 郭继武. 结构构件及地基计算程序开发和应用. 北京：中国建筑工业出版社，2009.